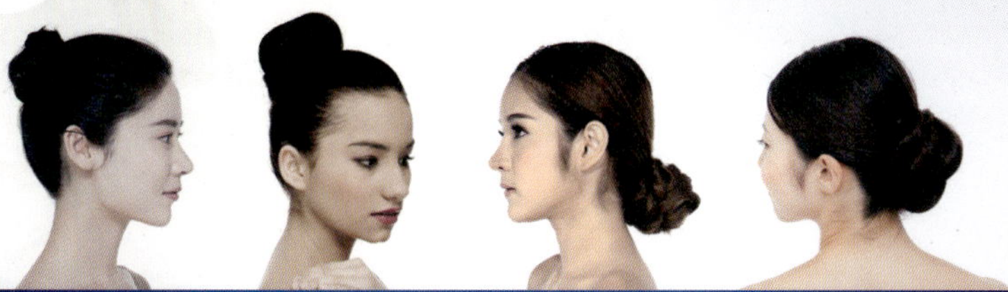

NCS 적용교육!!

Basic UpStyle 베이직 업스타일

메디시안

머리말

이 책은 앞으로의 능력중심 사회의 인재 양성을 위하여 국가직무능력표준(NCS: National Competency Standards)을 적용해서 산업현장에 필요한 교육을 진행하기 위한 의도에서 집필되었습니다.

책의 구성은 NCS 능력단위 중 하나인 베이직 업스타일의 이론과 실습 〈1201010138_16v3〉을 보다 쉽게 이해하고 실행할 수 있도록 헤어세트롤러하기 〈1201010138_16v3.1〉, 베이직 업스타일하기 〈1201010138_16v3.2〉, 베이직 업스타일 마무리하기 〈1201010138_ 16v3.3〉 등을 다양한 사진과 함께 자세히 설명하여 학생들이 쉽게 이해하도록 하였습니다.

이 책의 내용들을 습득하면 현장에서 요구하는 인재가 될 것임을 확신합니다.

이 분야의 새로운 학습 모듈이 제시되는 등, 급변하는 트렌드에 맞추어 연구를 게을리 하지 않을 것을 약속드리며, 교수님들의 지도와 성원을 부탁드립니다.

아울러, 이 책이 성공적으로 제작될 수 있도록 적극적으로 도와주신 선생님들과 메디시언 임직원들에게도 감사의 마음을 전합니다.

2018년 새 봄에

필자 대표 박 은 준

차례

Contents

차례

Contents

Chapter 1

NCS 적용 베이직 업스타일

1. 교과목 프로파일
2. NCS 적용 강의 계획서
3. 학생 자가진단 및 교수 평가

INTRO
-DUCTION

Chapter 01

NCS 적용 베이직 업스타일

교과목 소개

1. 교과목 프로파일

대분류	중분류	소분류	세분류
이용 · 숙박 · 여행 · 오락 · 스포츠	이 · 미용	이 · 미용 서비스	헤어미용
능력단위 명칭 〈코드〉	베이직 업스타일 〈1201010138_16v3〉		
학습모듈 명칭 〈코드〉	헤어세트롤러하기 〈1201010138_16v3.1〉 베이직 업스타일하기 〈1201010138_16v3.2〉 베이직 업스타일 마무리하기 〈1201010138_16v3.3〉		
능력단위 수준	3수준		
능력단위 정의	베이직 업스타일이란 업스타일의 기본기법과 디자인연출기법으로 업스타일을 완성하는 능력이다.		
교과목표	1. 업스타일 도구 및 제품을 준비할 수 있다. 2. 헤어세트롤러와 업스타일 기법을 활용하여 업스타일을 할 수 있다. 3. 헤어스타일링 제품을 활용하여 업스타일을 마무리할 수 있다		
관련 능력단위요소	수행준거		
헤어세트롤러하기 〈1201010138_16v3.1〉	1.1 고객의 모발상태와 디자인목적에 따라 일반 세트롤러 또는 전기 세트 롤러를 선택하여 사용할 수 있다. 1.2 헤어세트롤러 도구에 따라 모발의 수분함량을 조절하여 와인딩할 수 있다. 1.3 디자인에 따라 헤어세트롤러의 와인딩 방향과 각도를 조절할 수 있다. 1.4 모발의 끝이 꺾이거나 손상되지 않도록 모발 끝을 정리하여 와인딩 할 수 있다.		

관련 능력단위요소	수행준거
베이직 업스타일하기 〈1201010138_16v3.2〉	2.1 디자인연출에 필요한 업스타일도구를 선택하여 사용할 수 있다. 2.2 디자인목적에 따라 빗질, 블로킹, 묶기, 토대 만들기를 할 수 있다. 2.3 업스타일 디자인에 따라 빽콤을 이용한 볼륨연출과 모류교정을 할 수 있다. 2.4 다양한 업스타일 핀을 활용하여 모발을 정확하게 고정할 수 있다. 2.5 디자인 연출을 위해 땋기, 꼬기, 꺾기, 롤링, 매듭 등의 기법을 할 수 있다.
베이직 업스타일 마무리하기 〈1201010138_16v3.3〉	3.1 헤어스타일링 제품을 사용하여 업스타일을 마무리할 수 있다. 3.2 업스타일의 전체적인 균형을 체크하고 디자인을 보정할 수 있다. 3.3 고객의 만족을 확인하고 디자인을 조화롭게 마무리할 수 있다.
교육방법	강의법, 실험실습법, AI 교수법, 문제해결식 수업
평가 시 고려사항	• 수행준거에 따른 지식 · 기술 · 태도의 습득 능력 • 베이스 폭과 각도 및 방향에 따른 형태 차이에 대한 인식 정도 • 완성된 헤어스타일의 밸런스 • 헤어스타일 연출 도구사용의 적정성 • 헤어스타일 연출 제품사용의 적정성 • 주변정리 · 정돈 상태 • 고객만족도
작업기초능력	의사소통능력(경청능력), 문제해결능력(사고력 · 문제처리능력), 대인관계능력(고객 서비스 능력), 기술능력(기술이해능력, 기술선택능력, 기술적용능력), 직업윤리(공동체 윤리)

교과내용(대단원)		평가방법							
		A	C	F	G	H	I	L	M
A.포트폴리오 C.서술형 시험 F.평가자 질문 G.평가자 체크리스트 H.피평가자 체크리스트 I.일지/저널 L.작업장평가 M.기타									
헤어 세트롤러하기	업스타일의 기본 이론을 알 수 있다.								
	고객의 모발상태와 디자인 목적에 따라 일반 세트롤러 또는 전기 세트롤러를 선택하여 사용할 수 있다.								
	헤어세트롤러 도구에 따라 모발의 수분함량을 조절하여 와인딩할 수 있다.								
	디자인에 따라 헤어세트롤러의 와인딩 방향과 각도를 조절할 수 있다.								
	모발의 끝이 꺾이거나 손상되지 않도록 모발 끝을 정리하여 와인딩할 수 있다.								

교과내용(대단원)		평가방법							
		A	C	F	G	H	I	L	M
베이직 업스타일하기	디자인연출에 필요한 업스타일도구를 선택하여 사용할 수 있다.								
	디자인목적에 따라 빗질, 블로킹, 묶기, 토대 만들기를 할 수 있다.								
	업스타일 디자인에 따라 빽콤을 이용한 볼륨연출과 모류교정을 할 수 있다.								
	다양한 업스타일 핀을 활용하여 모발을 정확하게 고정할 수 있다.								
	디자인 연출을 위해 땋기, 꼬기, 꺾기, 롤링, 매듭 등의 기법을 할 수 있다.								
베이직 업스타일 마무리하기	헤어스타일링 제품을 사용하여 업스타일을 마무리할 수 있다.								
	업스타일의 전체적인 균형을 체크하고 디자인을 보정할 수 있다.								
	고객의 만족을 확인하고 디자인을 조화롭게 마무리할 수 있다.								

2. NCS 적용 강의 계획서

<table>
<tr><td>교과목명〈코드〉</td><td colspan="3">베이직 업스타일〈1201010138_16v3〉</td><td colspan="2">NCS 세분류</td><td colspan="2">베이직 업스타일〈1201010138_16v3〉</td></tr>
<tr><td>능력단위명 · 학습모듈 명칭〈코드〉</td><td colspan="7">헤어세트롤러하기 〈1201010138_16v3.1〉
베이직 업스타일하기 〈1201010138_16v3.2〉
베이직 업스타일 마무리하기 〈1201010138_16v3.3〉</td></tr>
<tr><td rowspan="2">이수구분</td><td colspan="3">이수시간</td><td colspan="2">학점</td><td colspan="2">학년/학기</td></tr>
<tr><td colspan="3"></td><td colspan="2"></td><td colspan="2"></td></tr>
<tr><td>강의실</td><td colspan="3"></td><td colspan="2">요일</td><td colspan="2"></td></tr>
<tr><td>담당교수</td><td colspan="3">(인)</td><td colspan="2">연구실</td><td colspan="2"></td></tr>
<tr><td>연락처</td><td colspan="3"></td><td colspan="2">E-mail</td><td colspan="2"></td></tr>
<tr><td>학습환경</td><td colspan="3">헤어실습실</td><td colspan="2">학습자료</td><td colspan="2">교재</td></tr>
<tr><td>인력양성 유형</td><td colspan="3">헤어디자인_L3</td><td colspan="2">관련자격증</td><td colspan="2">과정평가형</td></tr>
<tr><td>교과목표</td><td colspan="7">1. 업스타일 도구 및 제품을 준비할 수 있다.
2. 헤어세트롤러와 업스타일 기법을 활용하여 업스타일을 할 수 있다.
3. 헤어스타일링 제품을 활용하여 업스타일을 마무리할 수 있다.</td></tr>
<tr><td>교과개요</td><td colspan="7">베이직 업스타일이란 업스타일의 기본기법과 디자인연출기법으로 업스타일을 완성하는 능력이다.</td></tr>
<tr><td>실습장비 및 재료</td><td colspan="7">거울과 의자, 샴푸대와 의자, 마네킹과 홀더, 전기헤어세트롤러, 업스타일 재료 일체, 헤어스타일 연출 제품</td></tr>
<tr><td rowspan="3">교재 및 참고도서</td><td>구분</td><td colspan="2">교재명</td><td colspan="2">저자</td><td>출판사</td><td>출판년도</td></tr>
<tr><td>주 교재</td><td colspan="2">NCS 기반 베이직 업스타일</td><td colspan="2">박은준 외</td><td>메디시언</td><td>2018</td></tr>
<tr><td>참고도서</td><td colspan="6"></td></tr>
<tr><td rowspan="2">수업진행 방식</td><td>이론강의</td><td>실습</td><td>발표</td><td>토론</td><td>팀 프로젝트</td><td>현장견학</td><td>코칭·티칭 등 기타</td></tr>
<tr><td>√</td><td>√</td><td></td><td></td><td></td><td></td><td></td></tr>
</table>

<table>
<tr><td rowspan="3">평가방법</td><td>A</td><td>C</td><td>F</td><td>G</td><td>H</td><td>I</td><td>L</td><td>M</td><td>출석</td><td>계(%)</td></tr>
<tr><td></td><td></td><td></td><td></td><td></td><td></td><td></td><td></td><td></td><td></td></tr>
<tr><td colspan="10">A.포트폴리오 C.서술형 시험 F.평가자 질문 G.평가자 체크리스트
H.피평가자 체크리스트 I.일지/저널 L.작업장평가 M.기타</td></tr>
<tr><td rowspan="3">수행준거
(평가내용)</td><td colspan="3">헤어
세트롤러하기</td><td colspan="7">1.1 고객의 모발상태와 디자인목적에 따라 일반 세트롤러 또는 전기세트롤러를 선택하여 사용할 수 있다.
1.2 헤어세트롤러 도구에 따라 모발의 수분함량을 조절하여 와인딩할 수 있다.
1.3 디자인에 따라 헤어세트롤러의 와인딩 방향과 각도를 조절할 수 있다.
1.4 모발의 끝이 꺾이거나 손상되지 않도록 모발 끝을 정리하여 와인딩할 수 있다.</td></tr>
<tr><td colspan="3">베이직
업스타일하기</td><td colspan="7">2.1 디자인연출에 필요한 업스타일도구를 선택하여 사용할 수 있다.
2.2 디자인목적에 따라 빗질, 블로킹, 묶기, 토대 만들기를 할 수 있다.
2.3 업스타일 디자인에 따라 빽콤을 이용한 볼륨연출과 모류교정을 할 수 있다.
2.4 다양한 업스타일 핀을 활용하여 모발을 정확하게 고정할 수 있다.
2.5 디자인 연출을 위해 땋기, 꼬기, 꺾기, 롤링, 매듭 등의 기법을 할 수 있다.</td></tr>
<tr><td colspan="3">베이직
업스타일
마무리하기</td><td colspan="7">3.1 헤어스타일링 제품을 사용하여 업스타일을 마무리할 수 있다.
3.2 업스타일의 전체적인 균형을 체크하고 디자인을 보정할 수 있다.
3.3 고객의 만족을 확인하고 디자인을 조화롭게 마무리할 수 있다.</td></tr>
<tr><td colspan="11">강의계획서</td></tr>
<tr><td>지식(K)</td><td colspan="10">• 헤어세트롤러 종류와 사용법에 관한 지식
• 모발상태 및 수분함량과 세팅에 관한 지식
• 헤어세트롤러 와인딩 기술에 관한 지식
• 헤어세트롤러 방향과 각도에 관한 지식
• 업스타일에 필요한 디자인 요소에 관한 지식
• 업스타일 도구의 종류와 특징 및 사용법
• 업스타일의 블로킹, 묶기, 핀처리 등의 기본기법에 관한 지식
• 헤어 땋기와 꼬기, 꺾기, 롤링, 매듭 등의 연출기법에 관한 지식
• 헤어스타일링 제품의 특성과 사용에 관한 지식
• 헤어스타일 연출과 디자인에 관한 지식
• 업스타일 디자인 균형과 조화에 관한 지식</td></tr>
</table>

강의계획서	
기술(S)	• 모발상태와 디자인에 따른 헤어세트롤러 활용 능력 • 헤어세트롤러 와인딩에 따른 모발의 수분함량 조절능력 • 디자인에 맞는 헤어세트롤러 배열과 와인딩 기술 • 모발보호 및 탄력 있는 웨이브를 연출하는 와인딩 기술 • 모발상태와 고객특성에 따른 업스타일 디자인 능력 • 업스타일 디자인에 맞는 도구의 선택과 활용 능력 • 업스타일에 필요한 빗질, 블로킹, 묶기, 토대형성, 빽콤과 핀 처리 기술 • 디자인연출을 위한 땋기, 꼬기, 꺾기, 롤링, 매듭 등의 활용기술 • 헤어스타일링 제품의 활용 기술 • 디자인의 균형을 확인하고 보정할 수 있는 기술 • 고객만족을 확인하고 디자인을 조화롭게 완성할 수 있는 능력
태도(A)	• 정확한 결과를 위해 노력하는 자세 • 고객의 불편을 확인하고 대처하는 태도 • 고객만족을 위해 노력하는 자세 • 전체적인 균형과 구도를 이해하고 서비스하려는 태도 • 업스타일 작업 시 두피를 자극하지 않도록 주의하는 자세 • 전체적인 균형을 파악하고 디자인의 완성도를 높이려는 자세 • 주변을 정돈하고 도구를 청결하게 정리하는 자세

주차별 강의계획서					
주차	학습내용 (단원명)	수업(수행)목표	수업 방식	수업 매체 및 자료	평가
1	베이직 업스타일 이론(1)	• 업스타일의 정의를 알 수 있다. • 디자인 기본요소를 알 수 있다.	강의	교재	
2	베이직 업스타일 이론(2)	• 업스타일 디자인 구성 3요소를 알 수 있다. • 업스타일 디자인 조형 원리를 알 수 있다.	강의	교재	
3	베이직 업스타일 이론(3)	• 업스타일 기본 디자인 기법을 알 수 있다. • 업스타일 디자인 결정을 알 수 있다.	강의	교재	
4	베이직 업스타일 이론(4)	• 두상의 포인트를 알 수 있다. • 블로킹 라인을 알 수 있다.	강의	교재	
5	베이직 업스타일 이론(5)	• 업스타일 도구를 알 수 있다. • 업스타일 제품를 알 수 있다.	강의	교재	1차 (서술형 시험)
6	세트롤러	• 헤어세트롤러를 준비할 수 있다. • 헤어세트롤러를 할 수 있다. • 헤어세트롤러를 마무리할 수 있다.	강의, 실습	교재	
7	빽콤	• 빽콤을 준비할 수 있다. • 빽콤을 할 수 있다. • 빽콤을 마무리할 수 있다.	강의, 실습	교재	
8	핀고정	• 핀고정을 준비할 수 있다. • 핀고정을 할 수 있다. • 핀고정을 마무리할 수 있다.	강의, 실습	교재	
9	브러싱	• 브러싱을 준비할 수 있다. • 브러싱을 할 수 있다. • 브러싱을 마무리할 수 있다.	강의, 실습	교재	
10	묶기	• 묶기를 준비할 수 있다. • 묶기를 할 수 있다. • 묶기를 마무리할 수 있다.	강의, 실습	교재	

주차별 강의계획서					
주차	학습내용 (단원명)	수업(수행)목표	수업 방식	수업 매체 및 자료	평가
11	토대	• 토대를 준비할 수 있다. • 토대를 할 수 있다. • 토대를 마무리할 수 있다.	강의, 실습	교재	
12	꼬기	• 꼬기를 준비할 수 있다. • 꼬기를 할 수 있다. • 꼬기를 마무리할 수 있다.	강의, 실습	교재	
13	매듭	• 매듭을 준비할 수 있다. • 매듭을 할 수 있다. • 매듭을 마무리할 수 있다.	강의, 실습	교재	
14	고리	• 고리를 준비할 수 있다. • 고리를 할 수 있다. • 고리를 마무리할 수 있다.	강의, 실습	교재	3차 (포트폴리오)
15	땋기	• 땋기를 준비할 수 있다. • 땋기를 할 수 있다. • 땋기를 마무리할 수 있다.	강의, 실습	교재	2차 (평가자 체크리스트)

3. 학생 자가진단 및 교수 평가

능력단위명 〈코드〉		베이직 업스타일 〈1201010138_16v3〉									
진단 영역	진 단 문 항	학생 평가					교수 평가				
		매우 미흡	미흡	보통	우수	매우 우수	매우 미흡	미흡	보통	우수	매우 우수
헤어 세트롤러 하기	1. 나는 고객의 모발상태와 디자인목적에 따라 일반 세트롤러 또는 전기 세트롤러를 선택하여 사용할 수 있다.	①	②	③	④	⑤	①	②	③	④	⑤
	2. 나는 헤어세트롤러 도구에 따라 모발의 수분함량을 조절하여 와인딩할 수 있다.	①	②	③	④	⑤	①	②	③	④	⑤
	3. 나는 디자인에 따라 헤어세트롤러의 와인딩 방향과 각도를 조절할 수 있다.	①	②	③	④	⑤	①	②	③	④	⑤
	4. 나는 모발의 끝이 꺾이거나 손상되지 않도로 모발 끝을 정리하여 와인딩할 수 있다.	①	②	③	④	⑤	①	②	③	④	⑤
베이직 업스타일 하기	1. 나는 디자인 연출에 필요한 업스타일 도구를 선택하여 사용할 수 있다.	①	②	③	④	⑤	①	②	③	④	⑤
	2. 나는 디자인목적에 따라 빗질, 블로킹, 묶기, 토대 만들기를 할 수 있다.	①	②	③	④	⑤	①	②	③	④	⑤
	3. 나는 업스타일 디자인에 따라 빽콤을 이용한 볼륨연출과 모류교정을 할 수 있다.	①	②	③	④	⑤	①	②	③	④	⑤
	4. 나는 다양한 업스타일 핀을 활용하여 모발을 정확하게 고정할 수 있다.	①	②	③	④	⑤	①	②	③	④	⑤
	5. 나는 디자인 연출을 위해 땋기, 꼬기, 꺾기, 롤링, 매듭 등의 기법을 할 수 있다.	①	②	③	④	⑤	①	②	③	④	⑤
베이직 업스타일 마무리 하기	1. 나는 헤어스타일링 제품을 사용하여 업스타일을 마무리할 수 있다.	①	②	③	④	⑤	①	②	③	④	⑤
	2. 나는 업스타일의 전체적인 균형을 체크하고 디자인을 보정할 수 있다.	①	②	③	④	⑤	①	②	③	④	⑤
	3. 나는 고객의 만족을 확인하고 디자인을 조화롭게 마무리할 수 있다.	①	②	③	④	⑤	①	②	③	④	⑤

[진단결과]

진단영역	문항 수	점수	점수 ÷ 문항 수	문항 수	점수	점수 ÷ 문항 수
헤어세트롤러하기	4			4		
베이직 업스타일하기	5			5		
베이직 업스타일 마무리하기	3			3		
합 계	12			12		

* 자신의 점수를 문항 수로 나눈 값이 '3점' 이하에 해당하는 영역은 업무를 성공적으로 수행하는 데 요구되는 능력이 부족하다는 의미이므로 교육훈련이나 개인학습을 통한 개발이 필요함.

[교수자 피드백]

Chapter 2

베이직 업스타일 이론

1 st week

Chapter 02

베이직 업스타일 이론

베이직 업스타일 이론 (1)

학습내용(단원명)	수업 목표
베이직 업스타일 이론(1)	• 업스타일의 정의를 알 수 있다. • 디자인 기본요소를 알 수 있다.

1. 업스타일의 정의

업스타일(up-style)이란 사전적 의미로 "모발을 묶거나 땋아서 위로 틀어 올려 목덜미를 드러내는 형식"을 말하며, 기술상의 표현으로는 모발을 묶거나 땋아서 두상 위에 헤어스타일을 연출하는 것을 의미한다.

일반적으로 업스타일이라 하면 높게 올린 올림머리만 생각할 수 있지만 쪽진머리나 시뇽 스타일과 같은 목덜미 아래로 내려오는 스타일도 업스타일이라고 할 수 있다. 업스타일은 우아한 여성스러움을 두상의 곡면 위에 모발을 입체적으로 자유롭게 표현할 수 있는 헤어스타일의 한 분야이다.

업스타일은 조형된 형태에 부분가발이나 헤어피스, 액세서리 등으로 디자인적인 포인트를 주어 시각적인 아름다움을 향상시킬 수 있는 종합예술적인 헤어디자인이며, 이를 완성하기 위해서는 헤어디자인에 대한 기초지식이 요구된다. 상황에 따라서 블로우 드라이, 전기 세팅기, 아이론 등을 이용하여 웨이브를 연출하거나 모발 커트 또는 염색과 탈색 작업 등이 필요할 수 있으며, 때로는 직모 상태에서도 형태를 연출해야 한다.

개인에 따라 두상, 얼굴형, 신체의 균형 그리고 조화가 다르기 때문에 업스타일은 무엇보다도 디자인에 대한 기초지식이 필요하며, 모발이라는 소재를 활용하여 어떻게 조화롭게 디자인하느냐가 중요하다.

디자인의 사전적인 의미는 '계획' 또는 '설계'로, 인간생활의 목적에 맞는 실용적이고 미적인 조형을 계획하고 실현하는 것을 말한다. 또한 미용에서의 중요한 과제는 구체적으로 '미(美)'와 '용(容)'을 어떻게 조화시키느냐 하는 것이다.

업스타일에 필요한 여러 가지 요소들 중 작품의 질을 결정하는 것은 디자이너의 창조력이다. 스타일에 감성을 표현한다는 것은 전체와 부분의 세부적인 요소마다 디자이너의 섬세함이 연출되는 것으로, 스타일에 따라 정해진 소재를 활용하여 시간 안에 작품의 완성도를 높이는 것이 매우 중요하다. 이것은 디자이너 스스로 많은 훈련을 통해 생겨나는 결과로 많은 훈련이 필수가 되어 완성도를 최대화 시켜야 한다.

그림 2-1 업스타일의 예시

2. 디자인의 기본 요소

1. 점

(1) 점의 크기

헤어스타일에서의 점은 포인트를 의미한다. 사인펜으로 찍은 점들은 점의 집합이라는 느낌을 주지만 큰 원형의 형태를 가진 한 점은 사각(주변)의 면적과 균형(조화)에 따라 점이라 할 수 없게 된다. 실제로 크기가 큰 물체라도 전체에서 보면 점이라는 인상을 받게 되는 경우가 있다. 우주라는 큰 천체에서 봤을 때 달, 지구, 은하계 모두가 점이라고 할 수 있으며, 점들의 집합에서는 점이라기보다는 형태의 성격을 강하게 가질 수 있다.

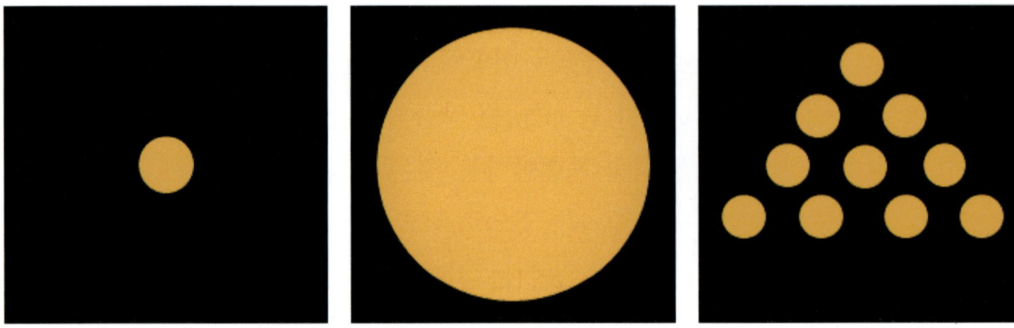

그림 2-2 점의 크기

(2) 점의 효과

① 하나의 점

한정된 평면 속에 점이 하나만 있는 경우, 그 점에서는 집중적인 운동감이 느껴지고, 주위의 공간에 긴장감을 주는 효과가 있다. 어느 한 부분을 강조할 때 그 전체의 디자인 구성에 변화를 가져오고 긴장감을 나타낸다. 예를 들면, 시뇽에 심플한 실루엣으로 강조되는 한 점을 만드는 것이 전형적인 점 효과이다. 스타일에서의 점은 반드시 흐름을 파생시킨다.

② 두 개의 점

한 점에 주의력이 집중되는 것에 비하여 그 주의력이 두 개로 분산된다. 점과 점 사이에는 심리적인 긴장감(tension)을 느낄 수 있다. 사선 상태에서 텐션의 움직임은 동적인 시각 효과를 나타내며, 수평상태에서는 안정감과 여유로움의 시각 효과를 나타낼 수 있다.

③ 크기가 다른 두 개의 점(강약의 점)

크기가 다른 두 개의 점은 디자인 상의 중요한 요소로 그 주의력이 대(강)에서 소(약)로 이동하는 운동이 일어나 폭넓은 디자인이 생겨난다. 한 점이 되는 모류

(毛流)의 악센트에 대소(大小)·강약(强弱)이 있기 때문에 악센트의 강조가 젊게 표현되며, 상하로 흐르는 두 점은 대담한 조형감을 나타낼 수 있다.

④ 세 개의 점

시각적인 효과에서 말하면 세 개의 포인트가 각각의 운동감을 보이면서 상호 관계에 따라 디자인의 통일을 집중적으로 나타나게 한다. 공간의 통일을 나타내는 좋은 예가 꽃꽂이의 기본형이다. 세 개의 점을 갖는 스타일에는 디자인의 구성을 충실히 하여 조형적인 화려함이 내포되도록 한다.

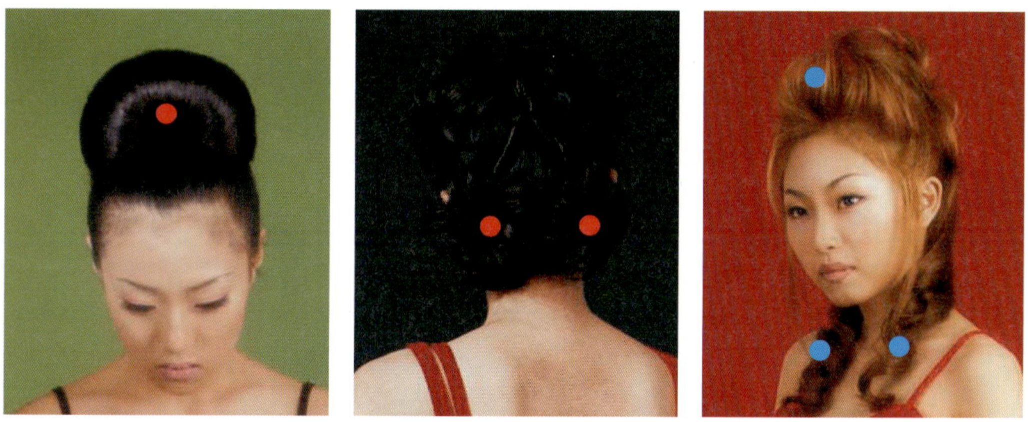

그림 2-3 점의 효과

2. 선

점은 기본 요소이기는 하지만 완전한 표현 단위가 되지 못한다. 그러나 선은 점의 연장으로부터 생겨나는 것으로 길이는 있되 폭이 없는 것으로 정의된다. 선은 디자인의 모든 형과 구성을 가능하게 하는 기둥으로, 크게 직선과 곡선으로 나눌 수 있다. 직선은 다시 수평선, 수직선, 대각선으로 나누며, 종류나 상태에 따른 시각 효과와 선의 성격을 이해하는 것이 디자인을 함에 있어 필요하다.

(1) 직선과 곡선

선의 이동 방향이 일정한 것을 직선이라 하고 방향이 변화하는 것을 곡선이라 한다. 이 두 개의 선에 따라 모든 형태의 기본이 확립되기 때문에 그 밖의 다른 선들은 직선인지 곡선인지 또는 양쪽의 혼합인지에 따라 분석할 수 있다.

① 직선

직선은 강한 힘과 딱딱함, 단순함과 긴장감을 갖는 남성적인 선이라 할 수 있다. 단조로운 선의 운동은 변화가 없기 때문에 딱딱함을 느끼게 하며, 남성적인 강인함과 날카로움을 갖고 있어, 차갑고 이성적인 효과를 강조한다.

표 2-1 직선

종류	특징	그림
굵은 직선	강함, 안정된 고요함의 인상을 갖는다.	
자유 직선	강함, 개방적이며 밝은 인상, 불안정, 불명료한 느낌을 준다.	
기하학 직선	자유 곡선과 닮은 성질이지만 안정감 속에 가벼움이 느껴진다.	

② 곡선

곡선이 나타내는 심리적 시각 효과는 여성적이라 할 수 있다. 신체의 둥근 형태와 부드러움은 곡선에서 오는 것으로, 우아하고 부드러우며 연약한 인상을 준다. 원이나 타원과 같은 곡선을 기하학 곡선이라 하고, 자유로운 운동을 보이는 선을 자유 곡선이라 한다. 이처럼 곡선은 강약에 의해 약동, 전진, 후퇴, 리듬의 강약 등을 표현한다.

표 2-2 곡선

종류	특징	그림
기하학 곡선	파장의 크기가 같은 연속 웨이브로 지적, 우아함, 안정, 여성스러움, 로맨틱한 인상을 준다.	
자유 곡선	리듬이 일정하지 않기 때문에 편안함보다는 자유롭고 개방적인 인상을 준다.(유연, 지적, 가벼움, 엘레강스)	

(2) 선의 방향

선의 방향을 볼 때 강조되는 것은 선의 운동이다. 선의 운동은 크게 원심적 방향과 구심적 방향으로 나눌 수 있다.

① 원심적 방향(운동)

자신보다 멀리 떨어져 나가는 선의 방향을 말한다.

특징 외향적, 남성적, 개방적, 활동적

② 구심적 방향(운동)

자신을 향하여 다가오는 선의 방향을 말한다.

특징 내향적, 여성적, 편안함

(3) 모발의 흐름과 스타일의 주요 방향

① 수직선 방향

엄격, 위엄, 딱딱함, 시각적으로 높은 느낌으로 간결한 형태이다.

특징 공간과 깊이

② 수평선 방향

안정, 평온, 가라앉음이나 무거움 등의 느낌과 함께 단순하고 차가운 느낌의 운동성을 가지며, 가로의 폭(넓음)을 느끼게 한다.

특징 시간과 연속성

③ 사선 방향

활동적, 경쾌함, 변화 등의 무한한 운동성을 느끼게 한다.

특징 파격과 긴장, 조화의 발생

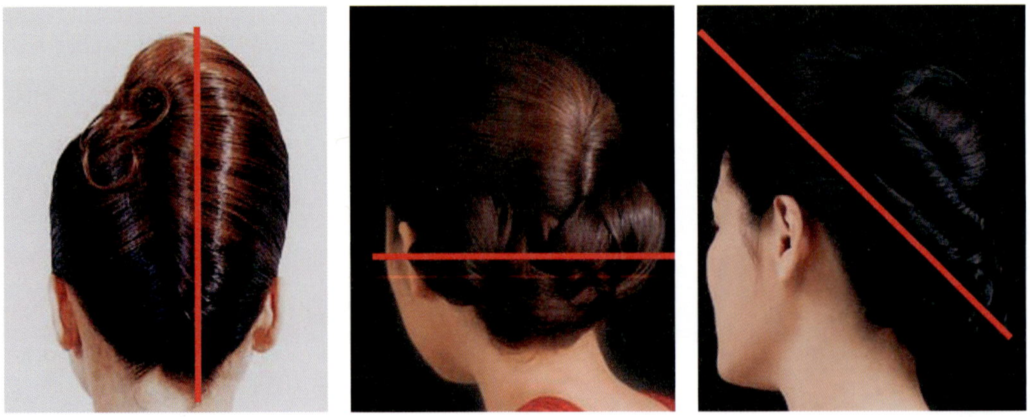

그림 2-4 모발의 흐름

3. 형

형은 평면적 형과 입체적 형으로 나눌 수 있다. 점과 점을 연결하여 선을 만들고 선이 이동한 곳에 면이 생겨 형이 된다. 이것은 평면상의 2차원 속의 형이고, 그 면에는 질감과 색상을 갖고 이동하는 입체가 생기며, 여기에는 균형과 비례같은 일정한 법칙에 따라 3차원 속의 형태(스타일)가 성립된다.

형을 일컫는 말로 실루엣(Silhouette)과 폼(form)이 있다. 실루엣은 그림자라는 의미 대로 평면에 있는 형이며, 하나의 각도에서 본 아웃라인을 말하고 이것에 대한 폼은 볼륨(양)을 포함한 입체적인 모양을 가진 형을 의미한다. 볼륨에 따라 헤어 디자인의 형이 결정된다.

이것은 디자인이라는 단순한 평면적 발상에서 입체화된 면의 이동에 따른 단계라고 해석할 수 있다. 면의 이동, 즉 입체화시키기 위한 볼륨은 그 얼굴형에 맞추어 분위기를 강조하고 결점을 커버하는 등 여러 효과를 가지고 있다. 디자이너는 효과뿐만 아니라 어느 정도의 볼륨과 어떠한 형으로 할 것인지를 계산해 두어야 한다.

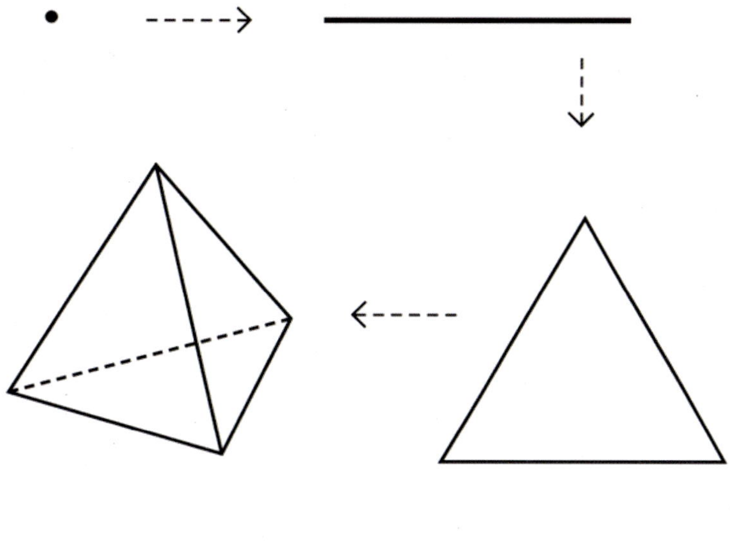

그림 2-5 점, 선, 면, 형

표 2-3 얼굴형과 특징

종류	특징	그림
둥근형	호의적, 안정적이고, 부드러운 느낌이 있고 조금은 어린 인상을 준다.	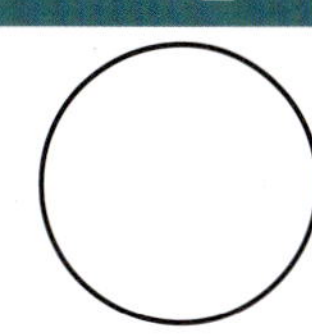
타원형	확고한 인상이 있고 조금은 화난 듯한 느낌을 준다.	
사각형	완고한 느낌을 주며 안정감이 있다. 남성적이고 개성적인 분위기가 있다.	
역삼각형	내향적인 인상, 자칫하면 외롭고 차가운 인상으로 연결되기 쉽다.	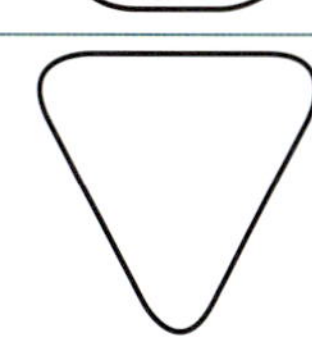

2nd week

Chapter 02

베이직 업스타일 이론

베이직 업스타일 이론 (2)

학습내용(단원명)	수업 목표
베이직 업스타일 이론(2)	• 업스타일 디자인 구성 3요소를 알 수 있다. • 업스타일 디자인 조형 원리를 알 수 있다.

1. 업스타일 디자인 구성 3요소

1. 형태(Form)

롱 헤어 디자인은 여성스러움과 우아함을 표현하는 예술형식으로, 형태·질감·컬러와 같은 디자인의 요소들을 고려하여 디자인을 구성한다.

형태는 헤어디자인의 모양을 나타내며 윤곽선이나 실루엣에 의해 결정된다.

볼륨에 따라 헤어 디자인의 형이 결정되고 이것은 디자인이라는 단순한 평면적 발상에서 입체화된 면의 이동에 따른 단계라고 해석할 수 있다. 거기에 방향 구성 요소가 덧붙여지면 전체적인 모습에 변화가 생기게 된다.

(1) 모양(Shape)

어떤 물체의 윤곽, 실루엣, 겉모습을 말한다. 일반적으로 디자인 내에서 길이와 너비가 같은 원형, 길이보다 너비가 더 넓은 편구형, 너비보다 길이가 더 긴 장구형이 있다.

(2) 방향(Direction)

형태의 방향은 디자인 내의 모양이나 볼륨의 위치에 의해 달라진다. 직선과 곡선으로 구성되는 천체축은 형태의 방향을 분석하는 데 도움을 준다.

디자인 내의 머리 방향은 움직임을 뜻하며 디자인의 역동성에 중요한 역할을 한다. 즉, 디자인이란 단지 모양을 조합한 것이 아니라 시각적 효과를 계획한 것으로 시각적 효과는 형태 내에서 모양과 방향의 상호작용에 의존한다.

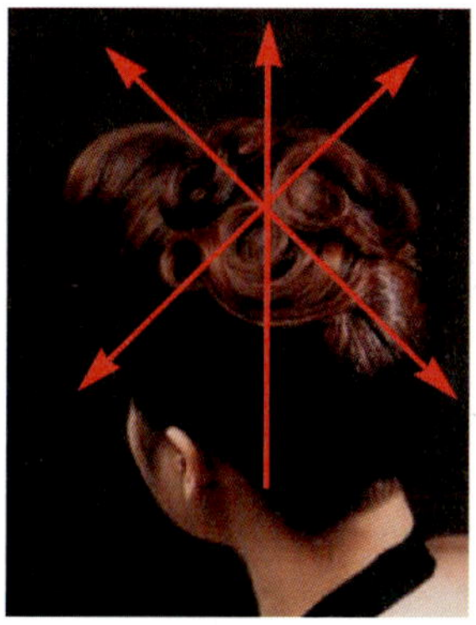

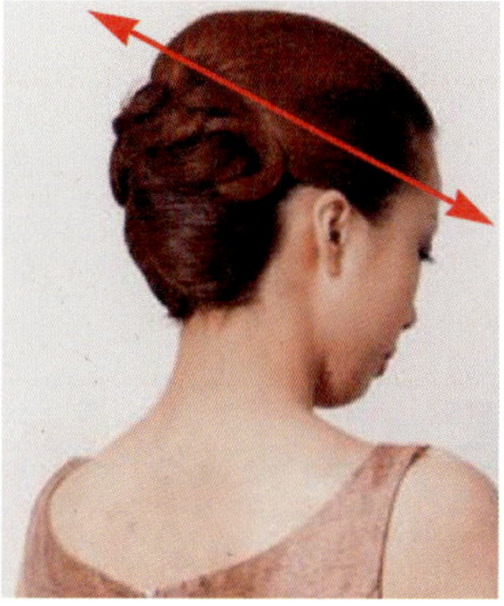

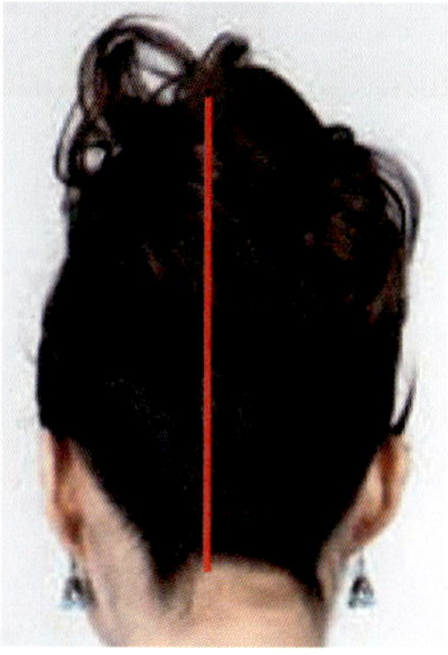

그림 2-6 대각방향, 수평방향, 수직방향

2. 질감(Texture)

업스타일에서 질감은 매끈한 질감과 패턴화된 거친 질감으로 구분할 수 있다. 컬의 기법과 양은 결과적으로 나타나는 질감에 영향을 미친다. 고리로 말거나 둥글게 감은 모발은 언액티베이티드(Unactivated)한 표면을 만들며, 땋기, 꼬기, 매듭 기법들은 액티베이티드(activated)한 표면을 만든다.

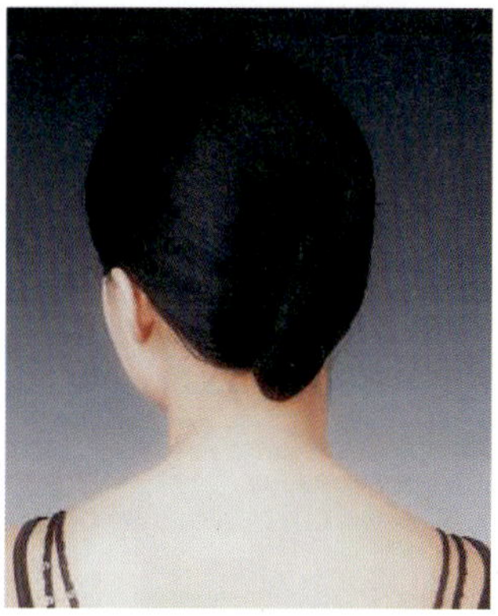

그림 2-7 언액티베이티드와 액티베이티드

3. 컬러(Color)

컬러는 깊이, 면적 그리고 질감의 착시 현상을 일으키는 디자인 요소이며, 디자인 내의 특정한 부분으로 시선을 끌어줌으로써 방향을 내포하기도 한다.

(1) 밝음과 어두움

어두운 모발의 색상은 더 깊이가 있으며 전반적인 형태에 주의를 집중시키는 반면, 더 밝은 색상은 형태 내의 각각의 모양에 시선을 이끌어 낸다.

그림 2-8 밝음과 어두움

(2) 색상의 혼합

모발색상의 혼합은 디자인에 입체감을 더해 주며 질감에 착시 효과를 준다.

그림 2-9 색상의 혼합

2. 업스타일 디자인 조형 원리

업스타일 디자인은 감각과 공식의 조합이다.

업스타일 조형도 다른 디자인 분야와 마찬가지로 일반적으로 방향감, 강조, 비례, 균형, 조화, 대칭과 비대칭 등의 디자인 원리가 적용된다.

실제 적용 시에는 어느 한 가지가 강조될 수도 또는 어느 한 부분이 다른 원리로 통합될 수도 있는, 명확히 구분 짓기 어려운 무한한 부분이다. 적절한 통일성과 변화를 가질 때, 다수가 느끼는 아름다움으로 인식된다.

이러한 디자인적 사고를 바탕으로, 업스타일 조형은 반복된 훈련과 소재에 대한 정확한 지식을 기반으로 기술과 창조가 더해지는 것이다.

1. 반복(Repetition)

반복은 일정한 간격을 두고 되풀이되는 것을 말하며, 디자인 원리 중 가장 단순한 기본 원리다. 그 방향 효과는 반복적으로 사용하는 형체 쪽으로 시선을 유도한다. 반복은 규칙적 또는 불규칙적으로 적용되며 같은 형과, 같은 색상일 경우 통일감과 안정감은 느낄 수 있지만 지나친 반복에서 오는 단조로움을 줄 수 있으므로 동적인 변화를 주어 시선의 이동을 유도할 수 있다.

2. 율동(Movement)

율동은 통일성을 전제로 한 동적인 변화이며, 조직화된 운동감을 느끼게 하는 방향의 원리이다. 헤어에서의 율동은 컬의 웨이브에 규칙적인 강약이 연속되는 율동이 있다고 볼 수 있는데, 지나치게 많은 율동은 싫증을 유발하기도 한다. 율동이 너무 강조되는 것보다 미묘한 강약을 주어 은은하게 표현하는 것이 업스타일의 우아함과 세련된 멋을 유도할 수 있다.

3. 대비(Contrast)

대비는 재질이나 색 등 반대되는 요소들을 조화시킴으로써 분명한 차이를 나타내 주는 강조의 원리로, 지루함을 배제하고 흥미로움을 유발시키는 강력한 힘을 발휘한다. 그러나 지나친 대비는 조화의 균형이 깨질 수 있으므로 주의해야 한다. 헤어의 재질과 대조되는 재질을 선택하여 장식한다거나, 꼬기, 엮기, 땋기, 망 등을 이용하여 형태와 질감을 대비되게 하여 시선을 집중시켜 강조를 유도할 수 있다.

4. 강조(Dominance)

강조는 특정한 한 부분을 드러나게 함으로써 그 외에 것은 강조되는 부분에 종속시키려는 성질을 가지고 있다. 업스타일에 있어 강조는 강력한 집중력을 발휘하며 단조로운 형태나 질감에 다른 성질의 것을 추가함으로써 균형, 조화, 통일감에 영향을 준다.

5. 비례(Proportion)

비례는 거리, 크기, 양의 정도가 상대적인 관련성의 결과로 생기는 원리이다. 비례는 넓은 의미로 모발의 양과 부피 또는 장식적 요소간의 형상이 다른 부분과의 관련에 있어 균형과 조화를 이루는지의 문제이다. 얼굴형에 따른 비례 또는 의복과의 코디네이션에 있어 관련성 여부, 이루어진 형태가 크게 보이는지 혹은 작게 보이는지, 장식적인 요소가 주는 느낌이 전체 이미지와 조화를 이루는지 등이 분할과 공감각에 의해 고려되어야 한다.

6. 균형(Balance)

균형은 기본적으로 안정감을 유지하려는 성격을 가지며, 일종의 시각적 무게의 동등한 분배에 대한 수평적 감각으로 평형, 안정감, 휴식감 등으로 표현된다. 위치상으로 수평적 균형, 수직적 균형, 방사선 균형으로 나눌 수 있고, 이미지에 따라 동적 균형 혹은 정적 균형으로 표현할 수 있다. 무게에 대한 균형이 깨졌을 때 조화로움이 깨지고 불안정해 보인다.

7. 조화(Harmony)

조화는 부분간의 성질이나 수량상의 통일 관계에 의해 쾌감을 이루는 것인데, 두 가지 이상의 서로 다른 요소가 분리·배척되지 않고 각 요소가 통일감으로 감각적 효과를 발휘하는 미적현상으로, 감각, 분위기, 표현 방법 등이 일치감이 있고 유사성이 서로 충돌되지 않는 느낌, 즉 상호 소속되는 느낌을 주는 원리이다.

업스타일에서는 기법의 통일성 또는 장식물에 통일성을 부여하여 조화를 이룰 수 있으며 색과 재질에도 영향을 받는다.

8. 대칭(Symmetry)

대칭은 가장 정형적인 구성형식이나 균형이 잡힌 형태로서, 구성의 중앙을 지나는 선을 축으로 양쪽에 있는 부분이 똑 같은 형으로 배치된다. 업스타일에 있어 대칭의 균형을 이루는 구성은 안정되고 위엄이 있으며, 정적이고 편안함을 나타낸다.

9. 비대칭(Asymmetry)

비대칭은 형태의 양쪽이 서로 다른 모양이지만 시각적 무게를 갖고 있어서 보는 사람에게는 변화가 있는 형태로서 안정감을 주며 개성적인 감정을 느끼게 한다. 비대칭 또는 부정형의 균형이 가지고 있는 다양성은 정형적인 균형보다 훨씬 매력적이고 은밀한 신비로움을 나타낸다.

3rd week

Chapter 02

베이직 업스타일 이론

베이직 업스타일 이론 (3)

학습내용(단원명)	수업 목표
베이직 업스타일 이론(3)	• 업스타일 기본 디자인 기법을 알 수 있다. • 업스타일 디자인 결정을 알 수 있다.

1. 업스타일 기본 디자인 기법

1. 꼬기

꼬기는 모발을 시계 방향 또는 반대 방향으로 비틀어한 방향으로 일정하게 꼬아주는 것을 말하며, 모발을 단단하게 꼬아 모근 쪽으로 밀어주면서 반복하면 밧줄처럼 감기는 효과가 있다. 두 가닥 꼬기는 모발을 2등분으로 나누어 양손 중에서 한 손만으로 모발의 가닥을 계속 위로 겹쳐 올리며 비트는 기법이다. 여러 가닥 꼬기는 모발을 여러 등분으로 나누어 한 가닥씩 한 방향으로 일정하게 꼬기를 한 후 두상에 밀착시켜 고정시키는 방법이다. 볼륨감이나 구상한 디자인에 알맞게 쌓아 형을 만들어 가는 것이 좋으며, 세팅을 하지 않고 작업이 가능하다.

그림 2-10 꼬기

2. 롤링

롤링에서 윤곽 롤은 윤곽 말기라고도 하며 원롤(one roll)이 대표적이다. 모발을 끝부터 둥글게 말아 들어가는 방법으로, 구상한 디자인에 따라 롤링된 상태 그대로, 즉 오리지날 세트 그대로 롤의 방향이나 볼륨을 조절하며 고정한다. 네이프 라인을 따라 원통형의 모양을 만들어 가는 디자인으로 모발의 양이나 위치에 따라서 다양하게 응용할 수 있다.

그림 2-11 롤링

수직 롤은 수직 말기라고도 한다. 모발의 면이 갈라지지 않도록 사선으로 나눈 다음 빽콤 작업을 한 후에 모발 전체를 오른손으로 감싸 쥐고 백 라인을 따라 소라 모양의 형태를 한번에 만들어 낸다. 네이프에서 시작하여 점차 위로 올라가면서 고정시켜 준다.

3. 매듭

매듭은 묶어진 모발을 원형으로 돌려서 매듭을 짓는 것을 말한다. 한 번만 돌려 매듭을 짓기도 하고 모발의 길이에 따라서 여러 번 매듭을 반복할 수도 있다.

두 줄 매듭은 각각 묶어진 모발 두 줄을 서로 교차시켜 연결한 후 한 줄 매듭을 짓는 방법으로 만들어 진다. 세팅을 하지 않고 작업이 가능하다.

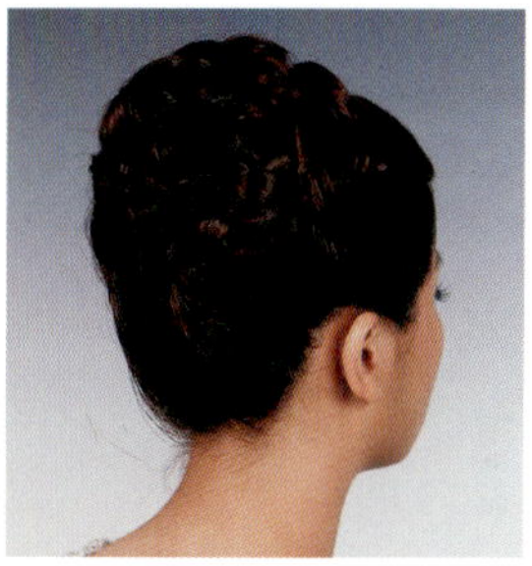
그림 2-12 매듭

4. 겹치기

겹치기는 모발을 두 가닥으로 나누어 서로 반대쪽으로 교차시켜 X자형의 문양 효과를 나타내는 것이며, 섹션의 크기, 양, 위치에 따라 다양한 형태를 표현할 수 있다. 안으로 겹치기의 형태는 모

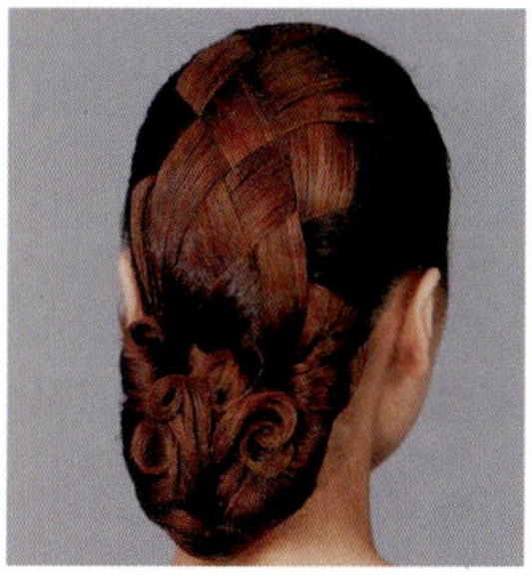
그림 2-13 겹치기

발을 교대로 다른 가닥의 아래로 겹치며 진행하는 것으로 크라운 부위에 시술각을 두어 느슨하게 진행하면 볼륨 효과를 얻을 수 있으며 완성된 형태에서 고상한 품위를 느낄 수 있다. 위와 밖으로 겹치기의 형태는 모발을 교대로 가닥의 위로 겹쳐주며 진행해 나간다. 골덴 포인트에 뚜렷한 양감(볼륨)을 얻고자 하면 골덴 포인트를 토대로 그 둘레에 계속적으로 겹쳐주면 된다. 세팅을 하지 않고 작업이 가능하다.

5. 땋기

그림 2-14 땋기

땋기는 세 가닥 이상으로 반복하여 엮는 형태로 한국의 고전적인 헤어스타일에서 많이 볼 수 있다. 땋기의 방법에는 두 가닥 겹쳐 땋기, 세 가닥 아래로 땋기, 세 가닥 밖으로 땋기가 있다. 그 밖에 땋기의 종류로는 네 가닥 땋기, 다섯 가닥 땋기, 디스코 땋기(곁들여 땋기), 기계를 이용하여 땋기(braid magic)방식과 옥수수 모양의 콘로우(cornrow)형으로 밖으로 집어 땋기가 있으며, 세팅을 하지 않고 작업이 가능하다. 여러 가닥 땋기는 바구니 땋기라고도 하며 옷감을 짤 때와 같이 모발이 다른 가닥의 위와 아래로 반복하며 겹치는 작업 과정으로, 엮기라고도 한다.

6. 고리

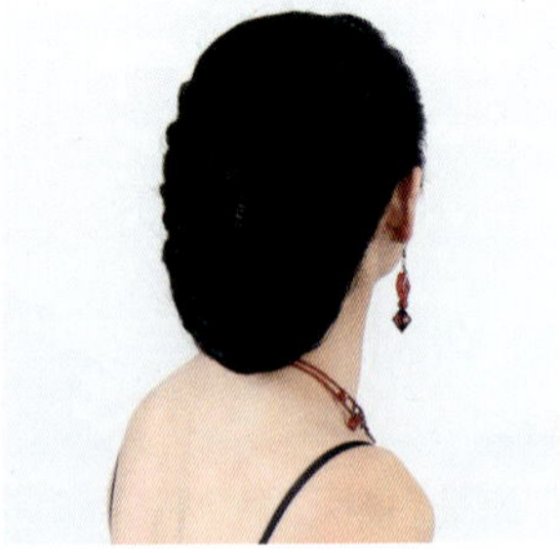

그림 2-15 고리

고리는 모발을 동그랗게 말아서 고정시키는 방법으로, 고리 모양의 다양한 변화로 다양한 디자인을 유도할 수 있으며, 고리 수의 증가와 크기에 따라 형태는 확장된다.

외 고리는 모발을 말아서 한 개의 고리를 만들어 핀으로 고정한 것이며, 짝 고리는 하나의 모발다발로 두 개의 고리를 만드는 것으로 같은 모양과 방향 또는 다른 모양과 방향의 혼합으로 형태를 달리 표현 할 수 있다.

2. 업스타일 디자인 결정

업스타일 디자인은 얼굴 모양, 신체 구조, 모발의 길이와 머리형, 장소(공식적, 비공식적), 의상, 개인적인 스타일(life style), 최근 패션 경향 등을 고려하여 고객에게 가장 잘 어울리는 디자인으로 작업하게 된다.

1. 얼굴형에 따른 디자인 결정

업스타일 작업은 궁극적으로 고객의 얼굴을 아름답게 하기 위한 작업으로, 얼굴의 단점을 보완하고 장점을 강조하여 이미지를 극대화하기 위해서는 얼굴 특성에 따른 볼륨 연출을 이해할 필요가 있다.

(1) 사각형

얼굴형	힘의 방향성	형을 보완하는 연출 방향성	전면의 폭	측면의 방향
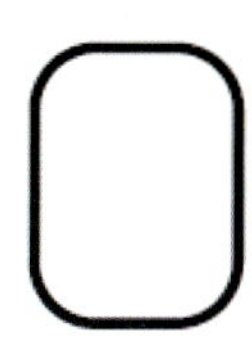	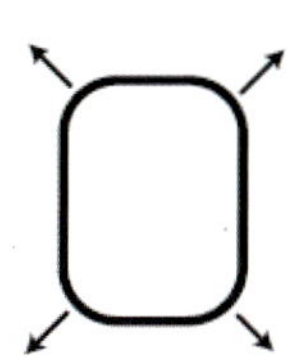	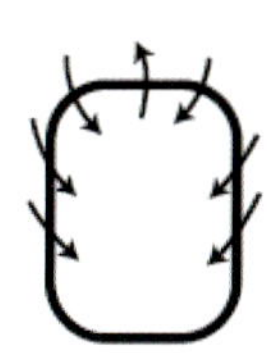	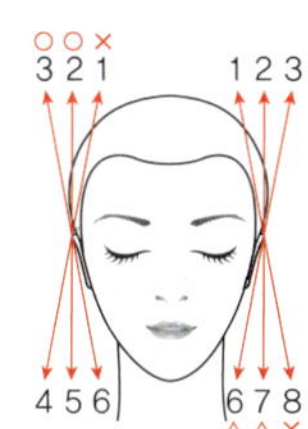	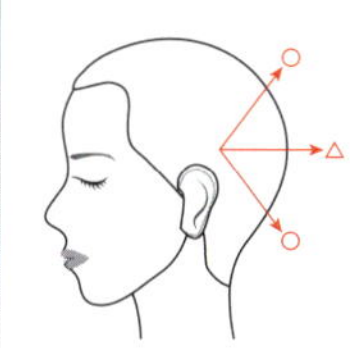

(2) 역삼각형

얼굴형	힘의 방향성	형을 보완하는 연출방향성	전면의 폭	측면의 방향
	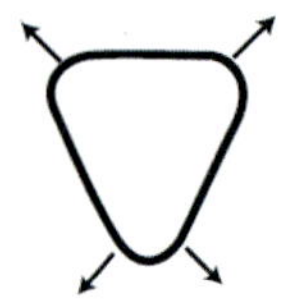	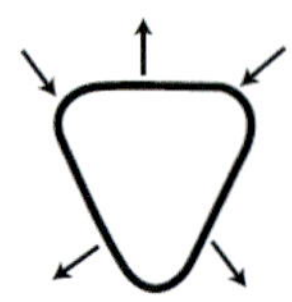	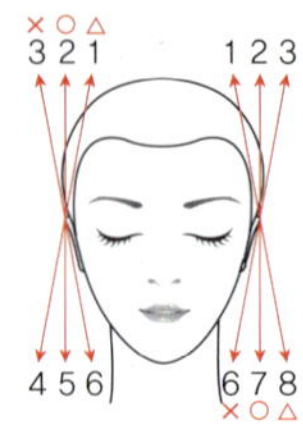	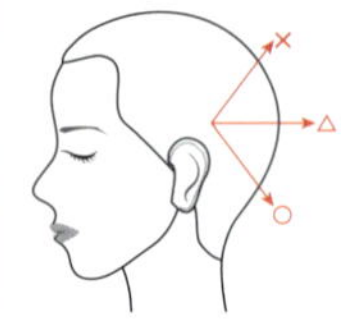

(3) 삼각형

얼굴형	힘의 방향성	형을 보완하는 연출방향성	전면의 폭	측면의 방향
		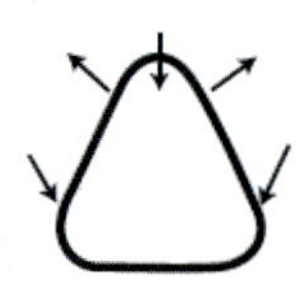	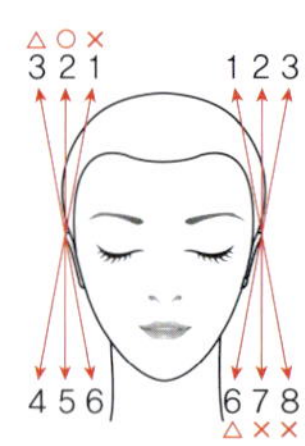	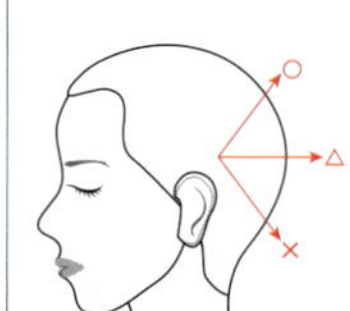

(4) 마름모형

얼굴형	힘의 방향성	형을 보완하는 연출방향성	전면의 폭	측면의 방향
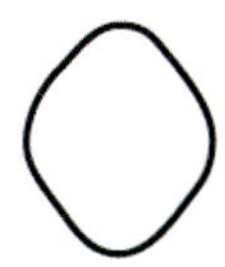	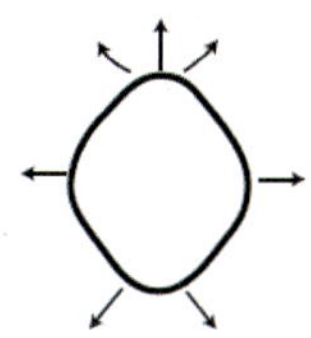	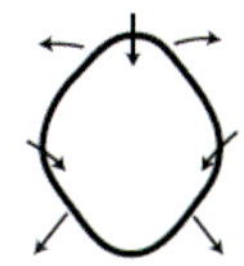	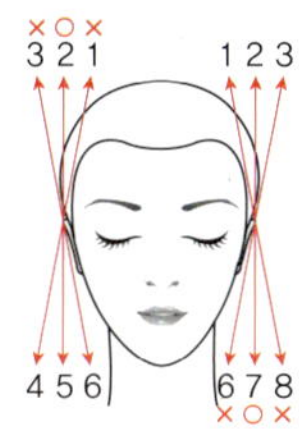	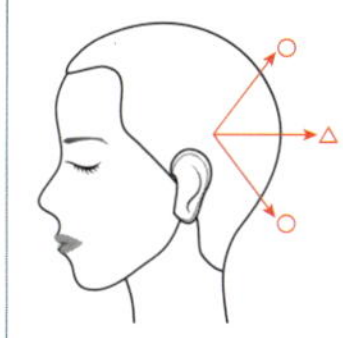

(5) 장방형

얼굴형	힘의 방향성	형을 보완하는 연출방향성	전면의 폭	측면의 방향
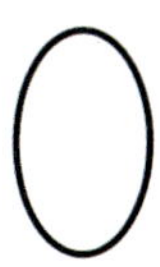	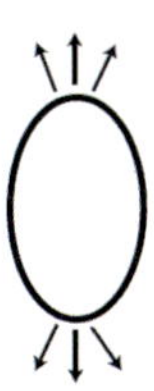	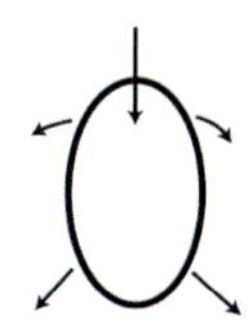	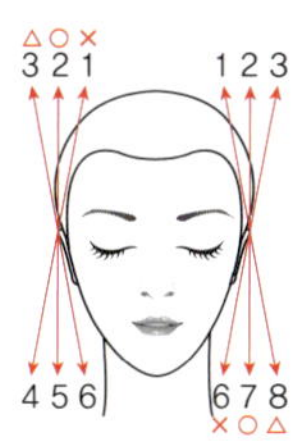	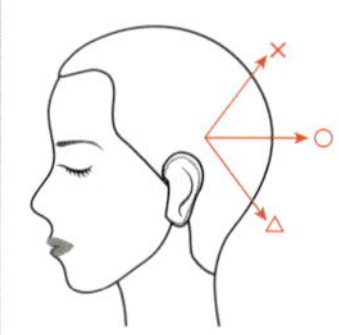

(6) 둥근형

얼굴형	힘의 방향성	형을 보완하는 연출방향성	전면의 폭	측면의 방향
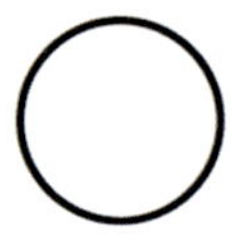	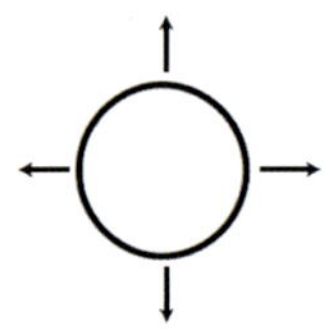	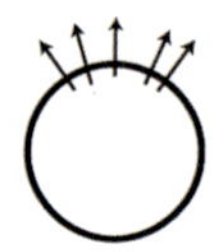	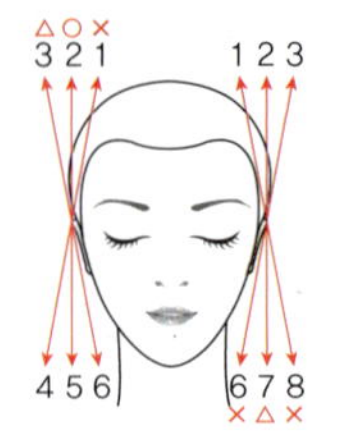	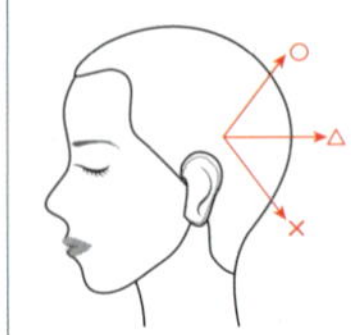

2. 포인트(Point)에 따른 디자인 결정

업스타일 연출의 첫 번째 결정 요소는 포인트의 위치이며, 위치의 결정은 각각의 스타일이 갖는 방향성을 의미한다. 같은 방향이라도 면의 볼륨과 포인트의 크기, 면과 포인트의 질감에 따라 심리적 영향이 다르게 나타난다. 헤어스타일에서 나타내는 모발의 선을 회화의 선의 성질 관점으로 접근하여, 스타일에 나타나는 포인트와 방향의 심리적 영향을 이해하는 것이다.

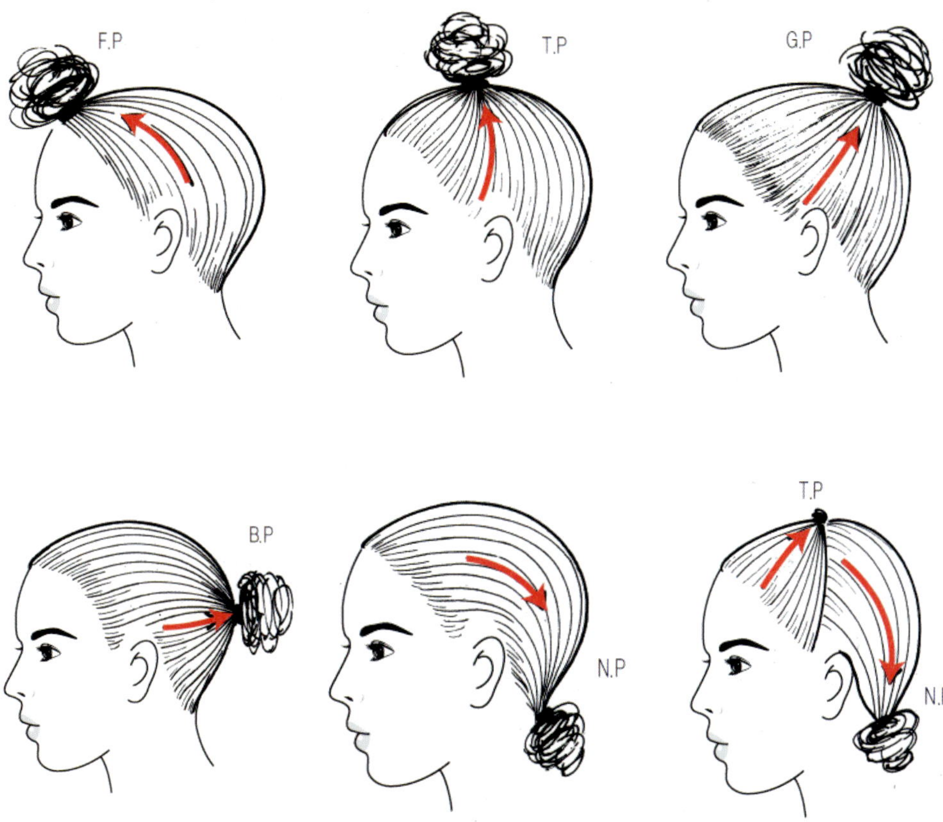

그림 2-16 포인트에 따른 디자인 결정

4th week

Chapter 02

베이직 업스타일 이론

베이직 업스타일 이론 (4)

학습내용(단원명)	수업 목표
베이직 업스타일 이론(4)	• 두상의 포인트를 알 수 있다. • 블로킹 라인을 알 수 있다.

1. 블로킹 라인

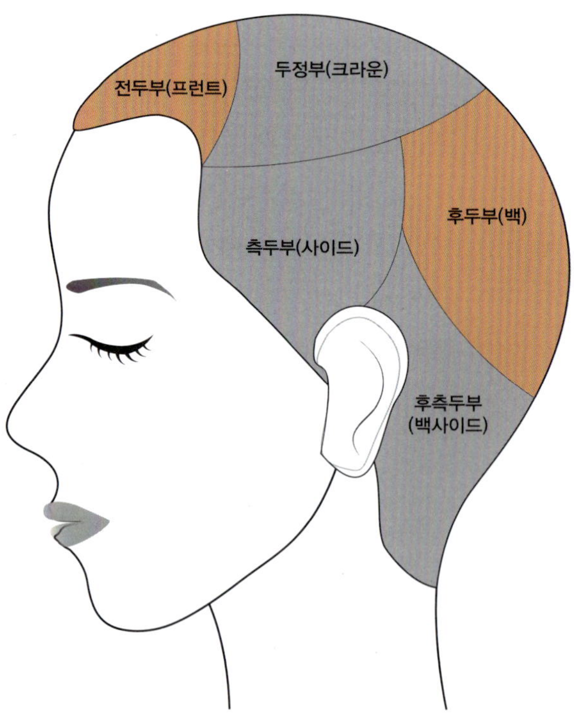

그림 2-17 블로킹 라인

2. 두상의 포인트

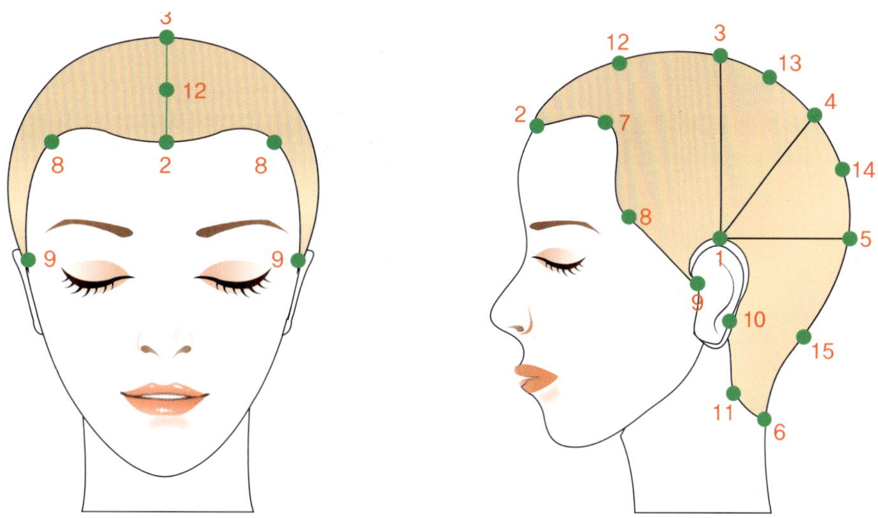

그림 2-18 두상의 포인트

① E.P(Ear Point) : 이어 포인트

② C.P(Center Point) : 센터 포인트

③ T.P(Top Point) : 톱 포인트

④ G.P(Golden Point) : 골덴 포인트

⑤ B.P(Back Point) : 백 포인트

⑥ N.P (Nape Point) : 네이프 포인트

⑦ F.S.P(Front Side Point) : 프론트 사이드 포인트

⑧ S.P(Side Point) : 사이드 포인트

⑨ S.C.P(Side Corner Point) : 사이드 코너 포인트

⑩ E.B.P(Ear Back Point) : 이어 백 포인트

⑪ N.S.P(Nape Side Point) : 네이프 사이드 포인트

⑫ C.T.M.P(Center Top Medium Point) : 센터 톱 미디움 포인트

⑬ T.G.M.P(Top Golden Medium Point) : 톱 골덴 미디움 포인트

⑭ G.B.M.P(Golden Back Medium Point) : 골덴 백 미디움 포인트

⑮ B.N.M.P(Back Nape Medium Point) : 백 네이프 미디움 포인트

5 th week

Chapter 02

베이직 업스타일 이론

베이직 업스타일 이론 (5)

학습내용(단원명)	수업 목표
베이직 업스타일 이론(5)	• 업스타일 도구를 알 수 있다. • 업스타일 제품을 알 수 있다.

1. 업스타일 도구

1. 전기 세팅기

전기 세팅기는 전기의 열에 의해 웨이브를 연출하는 기구로 업스타일이 아닌 굵은 웨이브를 연출할 때도 사용한다.

2. 아이론

아이론은 웨이브 연출에 매우 유용한 기기이며, 다양한 사이즈의 아이론으로 원하는 웨이브의 크기를 조절할 수 있다.

3. 빗

(1) 꼬리빗

꼬리빗은 사용 빈도가 높은 도구로 모발을 빗거나 빽콤을 넣을 때와 형태의 변형 등에 사용된다.

(2) 피니시 브러시

피니시 브러시는 모류 정리 혹은 빽콤이 되어 있는 패널의 표면을 정리할 때 사용하는 마무리용 브러시이다.

(3) 쿠션 브러시

쿠션 브러시는 세팅 전후에 전체의 모발 정리에 사용하며, 프런트 부위를 간단하게 마무리할 수 있다. 또한 두상의 곡선에 따라 텐션을 균일하게 넣을 수가 있고 많은 양의 조절이 가능하다.

4. 핀

(1) 대핀

대핀은 핀 중에서 가장 고정력이 뛰어나기 때문에 많은 양의 모발을 고정할 때 사용한다. 단, 모발의 양이 너무 많거나 적게 되면 고정력이 떨어질 수 있다.

(2) 실핀

실핀은 업스타일에서 가장 많이 사용하는 것 중의 하나이며, 면을 고정할 때 사용하는 핀이다.

(3) 스몰핀

스몰핀은 고정력이 약하고 크기와 길이가 짧기 때문에 적은 양의 모발과 힘이 부족한 모발을 고정할 때 사용하는 핀이다.

(4) 보비핀

보비핀은 디자인을 연출할 때 고정하는 핀이며, 실핀에 비해 고정력이 약한 편이다.

(5) U자핀 '대'

U자핀 '대'는 많은 양의 모발을 숨기고 싶거나, 모발을 묶어 고정시킬 때나 모발을 잠시 고정시킬 때 주로 사용하는 핀이다.

(6) U자핀 '중'

U자핀 '중'은 U자핀 '대'보다 크기가 작으며, 적은 모발에 사용하고, 긴 모발이나 짧은 모발 모두에 사용이 가능하다. 주로 컬, 뱅, 루프의 고정에 사용하는 핀이다.

(7) U자핀 '소'

U자핀 '소'는 컬을 고정할 때 주로 사용한다. 핀 자체를 사용하기도 하지만, 갈고리 형태로 끝을 휘게 만들어서 마무리할 때 모발이 빠지지 않게 사용하기도 한다.

5. 핀셋

핀셋은 업스타일 작업 시 필요량의 모발을 모아 고정하기 위해서 사용한다.

(1) 일반 핀셋

블로킹용 핀셋으로 가장 많이 사용하는 핀 중 하나이며, 고정력이 강하다.

(2) 핀컬핀

업스타일을 할 때에 형태의 흐름을 고정시키거나, 임시로 고정시킬 때 편리하게 사용할 수 있다. 사용 시 핀 자국이 남지 않도록 주의해야 한다.

6. 고무줄·끈

업스타일을 할 때에 토대를 잡거나 모발을 묶거나, 고정시킬 때 사용한다.

그림 2-19 전기 세팅기

그림 2-20 아이론

그림 2-21 빗

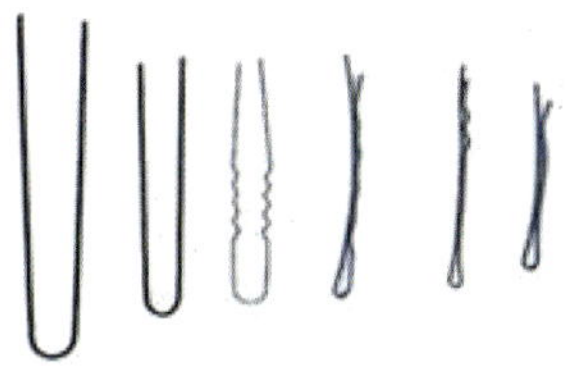

그림 2-22 핀

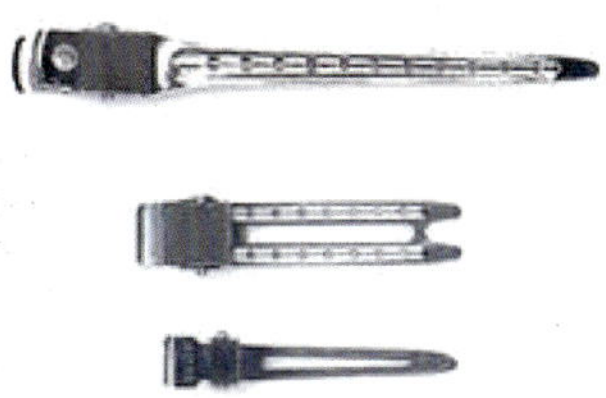

그림 2-23 핀셋

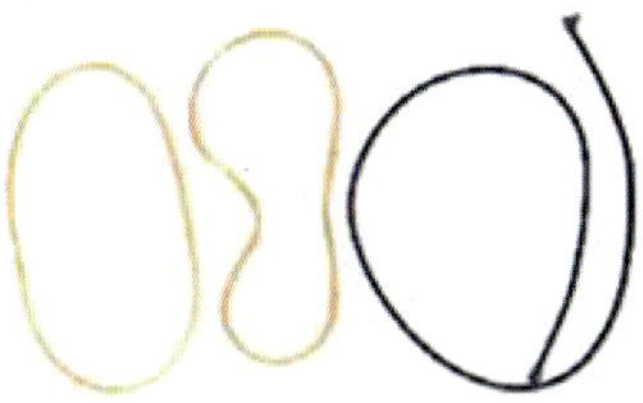

그림 2-24 고무줄/끈

2. 업스타일 제품

1. 스프레이

스프레이는 헤어스타일을 정돈한 후 스타일을 지속적으로 유지시키기 위해 모발에 골고루 분사해서 모발에 얇은 피막을 형성하여 모발을 일시적으로 강하게 고정시켜 주는 마무리용 정발제이다.

2. 왁스

왁스는 기존에 사용하던 스타일링제의 장점을 고루 적용한 제품으로 부드러움과 강력한 정발효과를 두루 갖춘 제품이다. 건조 후 딱딱한 느낌이 없는 자연스러운 촉감으로 스타일을 유지할 수 있으며, 하드타입에서 소프트타입까지 다양한 제품이 있다.

3. 에센스

에센스는 모발에 윤기와 광택을 부여해 주고, 모발을 한층 더 자연스럽게 만들어 주는 역할을 한다.

4. 광택제

광택제는 모발에 윤기와 광택을 더하기 위해 사용한다.

그림 2-25 스프레이

그림 2-26 왁스

그림 2-27 에센스

그림 2-28 광택제

Chapter 3

베이직 업스타일 실기

6주 세트롤러
7주 빽콤
8주 핀고정
9주 브러싱
10주 묶기
11주 토대
12주 꼬기
13주 매듭
14주 고리
15주 땋기

6th week

Chapter 03

베이직 업스타일 실기

세트롤러

학습내용(단원명)	수업 목표
세트롤러	• 세트롤러 준비를 할 수 있다. • 세트롤러를 할 수 있다. • 세트롤러를 마무리할 수 있다.

1. 세트롤러 준비하기

1. 선행학습

① 롤과 와인딩

준비물

가발, 홀더, 꼬리빗, 롤, 핀

강한 컬이나 짧은 모발에 대응하여 가는 롤을 사용하는 경우가 아니면 굵은 롤을 사용하여 와인딩하는 것이 릿지의 탄력이 부드러워져서 모발을 컨트롤하는 데 용이하다. 프런트는 디자인 방향에 따라 와인딩한다.

핀은 두피에서 고정시켜 핀 자국이 모발 표면에 남지 않도록 주의한다. 모발 끝을 매끈하게 와인딩하여야 깨끗하게 정리가 되며, 꺾인 상태에서 와인딩을 할 경우 마무리가 깔끔하지 못하고 모발이 손상된다.

② 스템(Stem)

일반적인 디자인에는 스탠드 스템(stand stem), 볼륨있는 디자인에는 업 스템(up stem), 볼륨없이 두피에 밀착되는 디자인에는 다운 스템(down stem)으로 와인딩한다. 디자인이 될 볼륨의 방향으로 스템을 크게 설정하고, 타이트한 디자인이라면 그 방향으로 스템을 낮춘다.

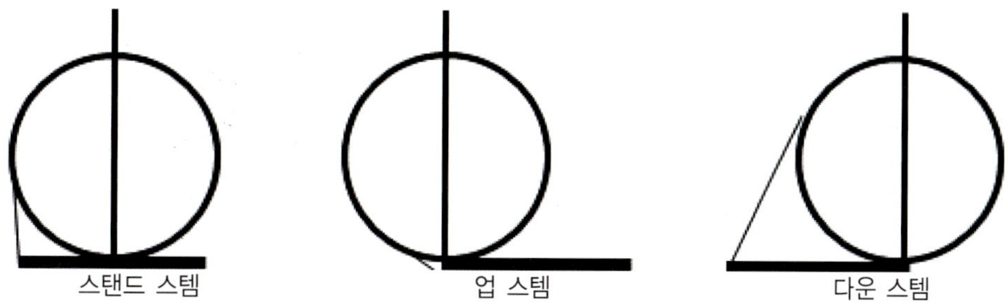

그림 3-1 스템의 종류

③ 전기 세팅

빠져 나오는 잔머리를 애써 와인딩할 필요는 없다. 세팅에 의한 슬라이스 선과 핀 자국에 주의하여 모발 흐름을 따라 와인딩한다.

2. 세트롤러 작업하기

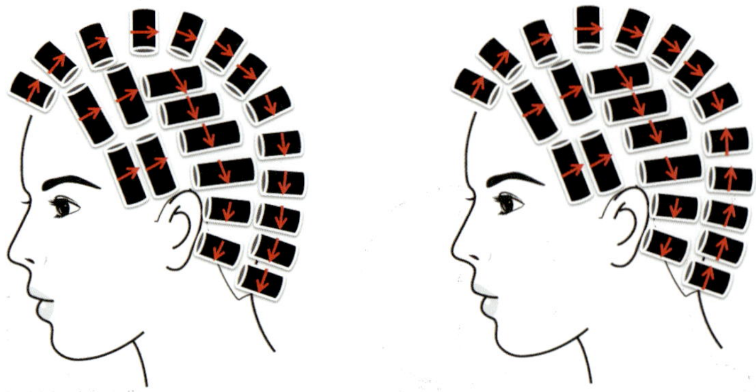

다운 기본형　　　　업 기본형

작품설명

- 프런트는 디자인 방향에 따라 와인딩한다.
- 다운 기본형의 백은 N/P방향으로 와인딩한다.
- 업 기본형의 백은 G/P방향으로 와인딩한다.
- 사이드는 버티컬 섹션으로 와인딩한다.

3. 세트롤러 마무리하기

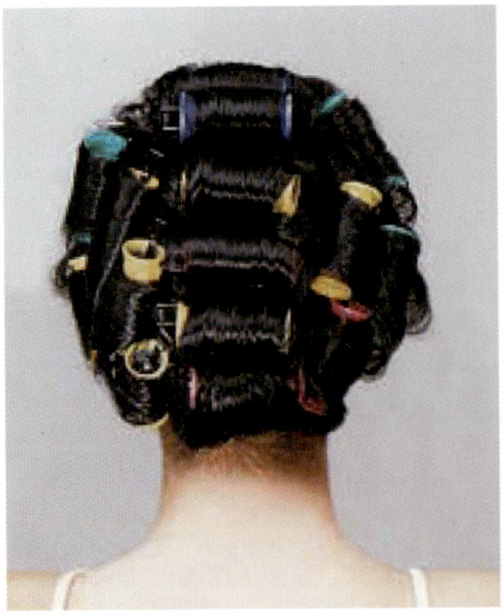

7 th week

Chapter 03

베이직 업스타일 실기

빽콤

학습내용(단원명)	수업 목표
빽콤	• 빽콤을 준비할 수 있다. • 빽콤을 할 수 있다. • 빽콤을 마무리할 수 있다.

1. 빽콤 준비하기

1. 선행학습

빽콤은 모발을 빗을 이용하여 두피 방향으로 밀어 넣는 방법이다. 볼륨, 방향, 면의 연결, 토대, 핀 고정 등 여러 가지 목적에 따라 사용되며, 슬라이스의 방향, 빗의 사용 방법, 모발을 쥐는 손의 역할 등에 따라 빽콤의 양에 영향을 미친다.

준비물

가발, 홀더, 꼬리빗

(1) 빽콤의 준비

빽콤은 빗을 반대 방향으로 밀어 넣어 모발이 두피에 얽혀 쌓이도록 하는 것으로, 커트 선은 블런트 커트보다 스트로크 커트, 직선 모발보다 곡선 모발, 간격이 넓은 빗보다 좁은 빗, 탄력있는 건강모보다 손상모가 모발을 밀어 넣는 데 용이하다.

① 모근 빽콤

모근 빽콤은 핀이 꽂히는 토대와 볼륨을 담당한다. 두상의 모근이 쓰러지지 않으려는 힘에 의해 튀어 오르는 것을 볼륨이라고 한다. 블로우 드라이나 퍼머넌트웨이브의 볼륨도 모근이 쓰러지지 않으면서 볼륨을 발생시킨다. 업스타일의 볼륨도 마찬가지로 주체적인 1차의 볼륨을 만들어 내며, 빽콤을 넣고 난 후 묶거나 빗는 과정에서 장력이 발생한다.

이러한 힘에 모근이 쓰러지지 않고 버틸 수 있을 때 볼륨이 된다. 모근 빽콤은 빽콤에 대한 모발의 양이 볼륨을 만든다는 기대보다는 빽콤 자체가 모근의 버팀 역할을 한다는 생각을 갖고 작업하여야 한다.

모근 빽콤을 넣는 목적은 핀이 자리할 토대를 만들거나 볼륨 다음 단계의 빽콤이 원활하게 이루어지도록 하는 것이다. 모근 빽콤은 다음 과정의 양감 빽콤이나 면 빽콤 작업에 영향을 미친다. 빽콤이 잘 이루어지지 않는다는 것은 늘어진 모발이 상대적으로 없기 때문이다. 모근 빽콤은 두피에서 3~4㎝ 위에서 빗 끝에 힘을 실어 회전각을 그리며 온 더 베이스로 모근까지 밀어 넣는다.

② 양감 빽콤

양감 빽콤은 볼륨감 있는 면의 연출과 토대를 만드는 경우에 활용되는 업스타일의 기본 빽콤이다. 빗의 롤링과 함께 모선을 따라 롱 스트로크 동작으로 모근에까지 빗 끝이 닿게 된다. 긴 모발일지라도 빗이 섹션과 닿은 위치는 모근에서 5㎝ 정도이며 닿는 시점에서 섹션과 빗살각은 직각상태가 되어야 한다.

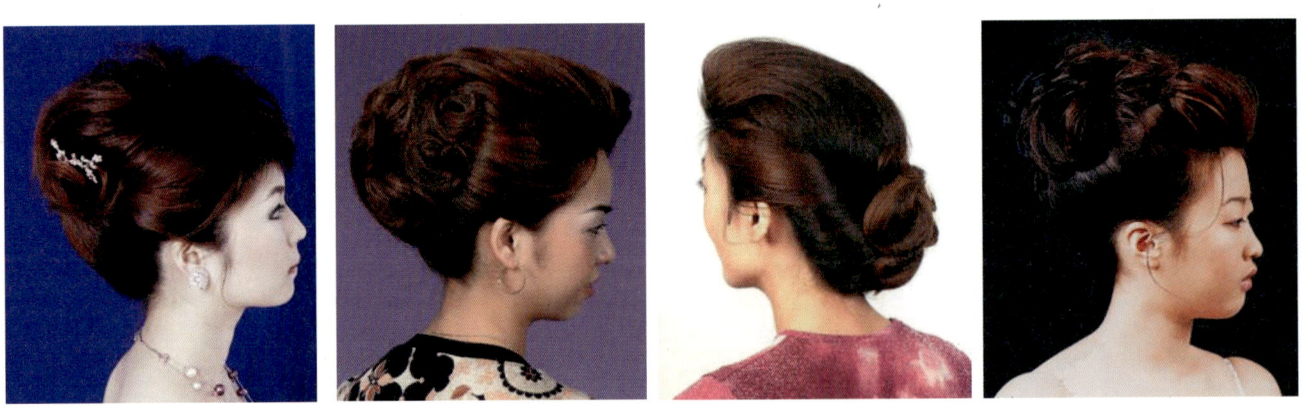

그림 3-2 양감 빽콤 스타일

이때부터 빗 끝에 모발이 걸리면서 빽콤이 시작된다. 양감 빽콤은 모근 빽콤처럼 직각으로 쌓이는 것이 아니라 모발이 퍼지면서 쌓이게 된다. 따라서 빗이 두피에 닿을 때에는 베이스를 벗어난 위치에 놓인다. 오프 더 베이스로 빗이 놓인다는 것은 빗살 끝에 걸린 모발과 섹션이 서로 찢듯이 엇갈린 방향 상태에서 두피를 향하였을 때에 나타나는 현상으로 쿠션감 있는 빽콤을 얻을 수 있다.

③ 면 빽콤

면 빽콤은 모근 빽콤을 넣고 나서 모단까지 일정한 간격으로 넣는 빽콤을 말한다. 섹션에 두께감이 있는 상태를 만들어 패널의 두께감을 활용하고자 할 때, 패널을 밀고 들어가는 롤 연출 또는 볼륨을 필요로 하지 않지만 원활한 작업을 위해 면 빽콤을 넣는다. 빗살이 섹션에 직각으로 들어가 모근에서부터 일정한 간격으로 롤링 없이 빗살로 밀어 넣는 동작으로 연출한다. 일반적으로 모근 빽콤을 베이스로 넣고 그 위로 면 빽콤을 넣으며, 모근 빽콤이 완료된 후의 상태는 베이스의 폭과 섹션의 두께감이 동일하거나 그 이상의 두께감이 나타나야 한다.

그림 3-3 면 빽콤 스타일

2. 빽콤 작업하기

(1) 모근 빽콤

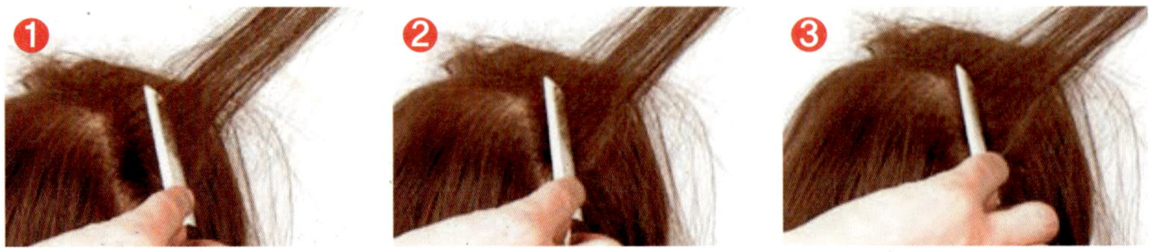

작품설명

- 모근 3~4cm 높이에서 시작한다.
- 섹션을 밀지 않고 빗살 끝에 힘을 실어 검지로 밀어 내린다.
- 빗살은 두피에 최소한만 눕혀 빗살 끝으로 누르고 빗몸은 닿지 않는다.

(2) 양감 빽콤

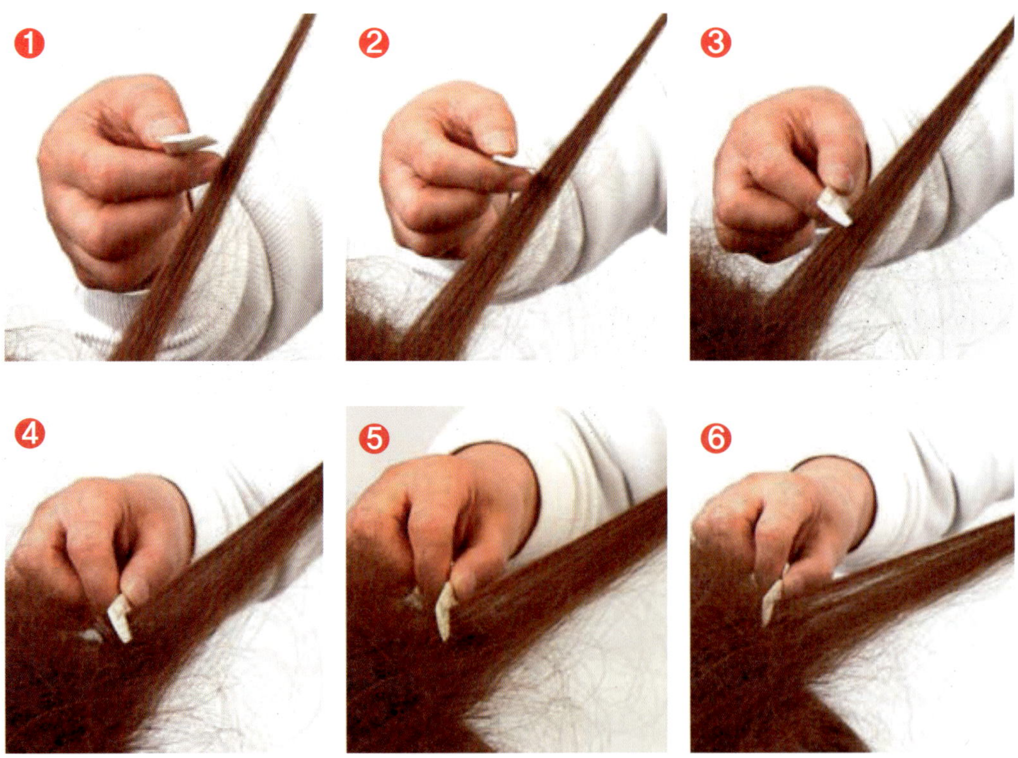

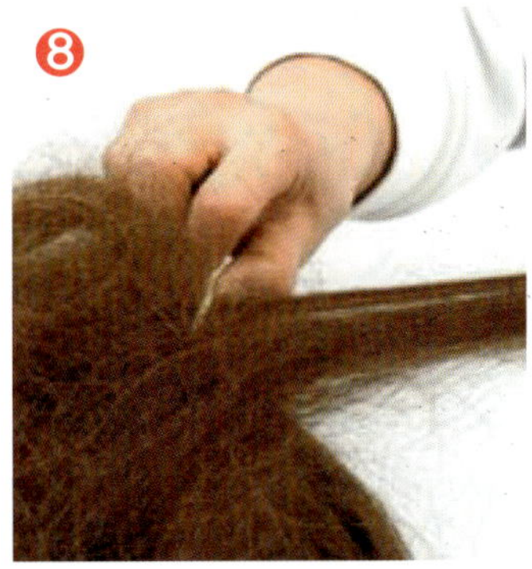

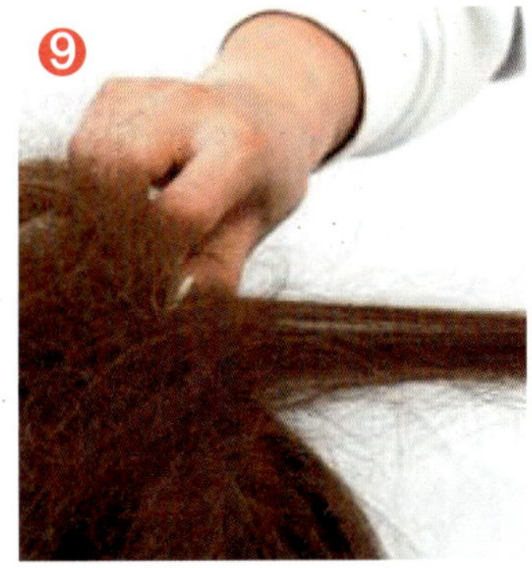

작품설명

- 두피 90° 각도로 섹션을 잡고, 빗살의 각이 섹션과 수평에서 시작한다.
- 손목의 회전력으로 힘을 실어 엄지손가락으로 빗을 누르면서 밀고 들어간다.
- 롤링의 회전력이 빗 끝에 힘 있게 들어간다.

(3) 면 빽콤

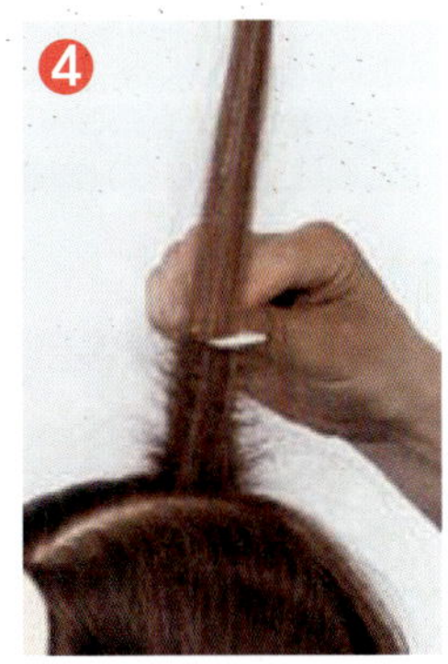

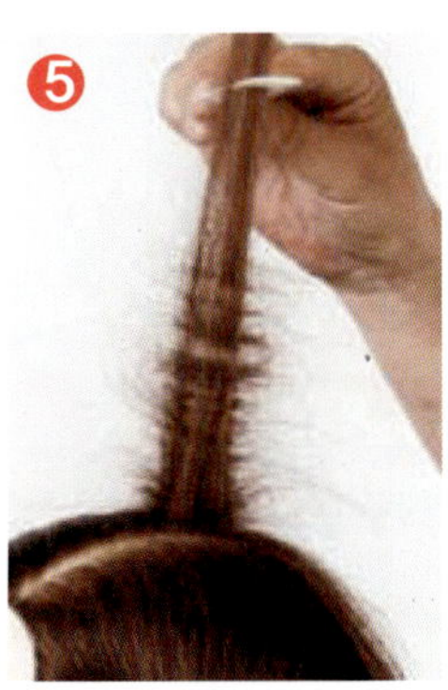

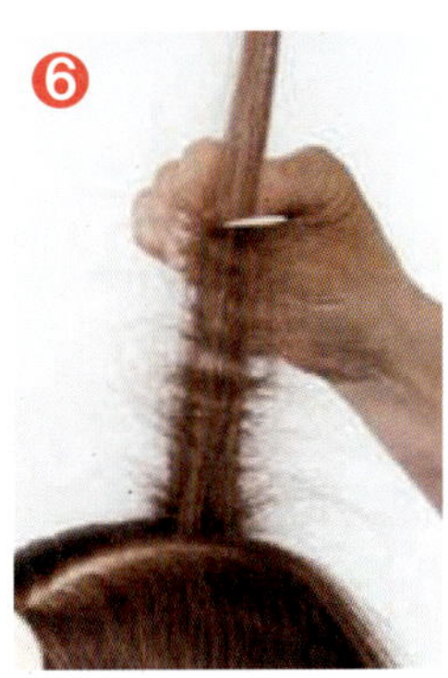

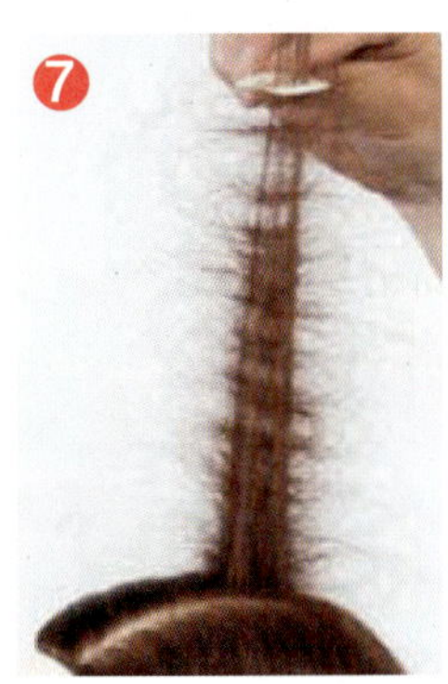

작품설명

- 모근 빽콤 위 3~4cm에서 면 빽콤을 넣는다.
- 섹션에 직각으로 빗살을 넣어 쇼트 스트로크의 느낌으로 빽콤을 넣는다.
- 빗살은 깊이 넣지만 빗은 섹션을 밀면서 들어가지 않는다.
- 전 단계의 빽콤자리까지 밀고 들어가면 안 된다.
- 짧게 끊어 빗을 밀어서 일정한 간격을 유지한다.

3. 빽콤 마무리하기

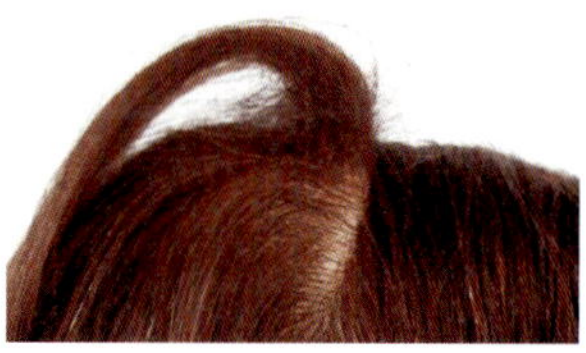
모근 빽콤

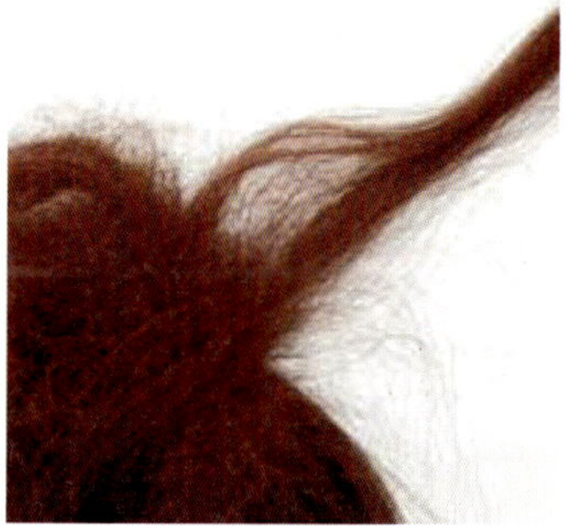
양감 빽콤

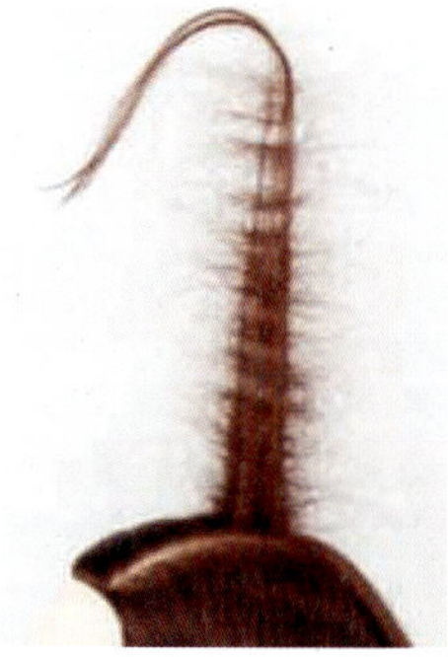
면 빽콤

8th week

Chapter 03

베이직 업스타일 실기

핀고정

학습내용(단원명)	수업 목표
핀고정	• 핀고정을 준비할 수 있다. • 핀고정을 할 수 있다. • 핀고정을 마무리할 수 있다.

1. 핀고정 준비하기

1. 선행학습

준비물

가발, 꼬리빗, 핀

핀의 사용 목적에 따라 핀의 선정과 사용 방법을 정확히 숙지해야 하며, 스타일의 형태를 유지함에 있어 핀의 크기나 압력 정도에 따라 효과적으로 핀을 사용한다면 사용하는 핀의 수를 줄일 수 있다.

스타일이 완성된 후에 핀이 빠져 나오거나, 보이는 핀 때문에 스타일을 해쳐서는 안 되며, 핀의 선정과 사용 방법에 문제가 없도록 해야 한다.

(1) 핀의 파지법

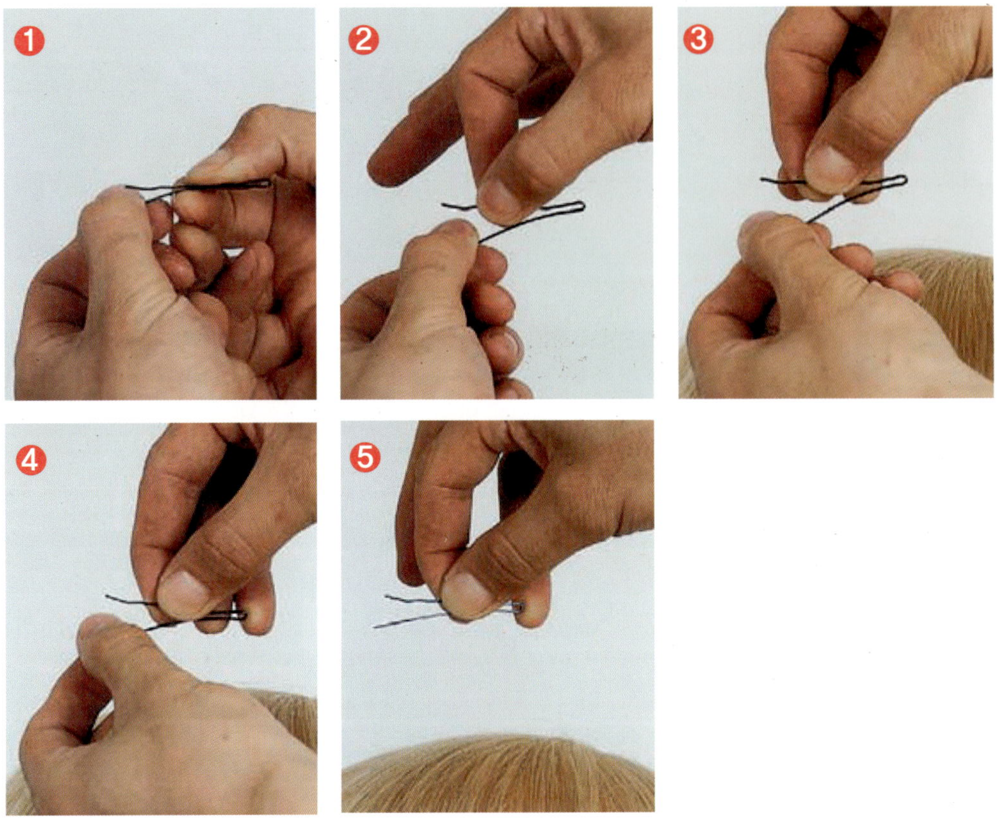

2. 핀고정 작업하기

(1) 기본 핀고정

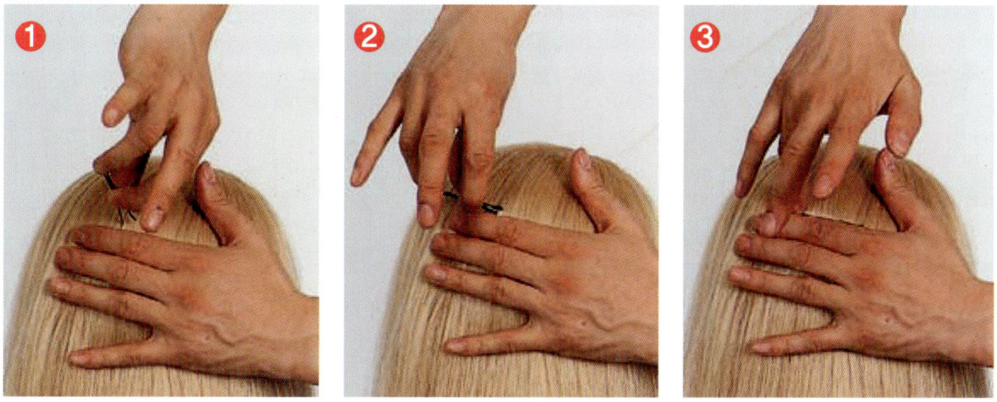

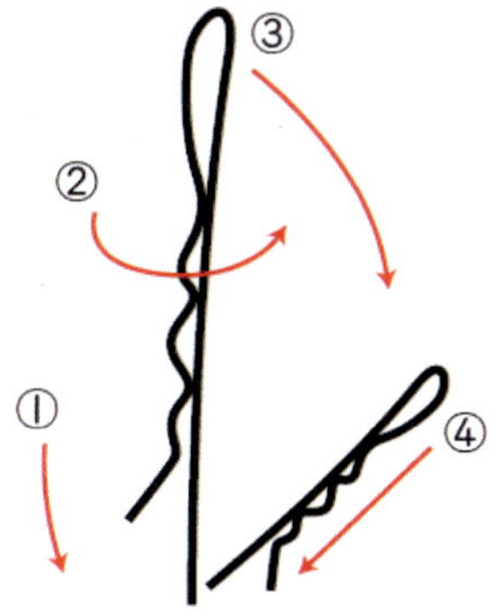

핀의 운동

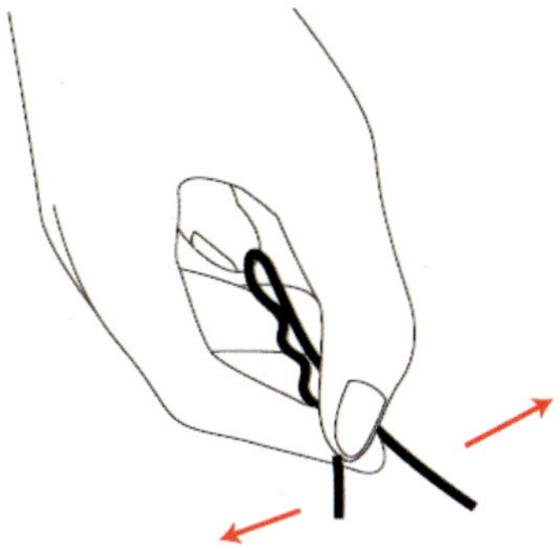

핀의 파지법

작품설명

- 핀이 모근(토대)과 고정해야 할 부분이 서로 물리도록 손가락으로 핀이 위치할 부분을 두피에 밀착한 후 핀을 직각으로 세운다.
- 파지법에 충실한 상태에서 모발 흐름에 대하여 직각이 되도록 한다.
- 핀이 안정감 있게 꽂히기 전까지는 핀을 쥐고 있는 엄지손가락과 검지손가락이 끝까지 받쳐 준 상태에서 약지로 밀어 넣는다.

(2) 일직선과 라운드 핀고정

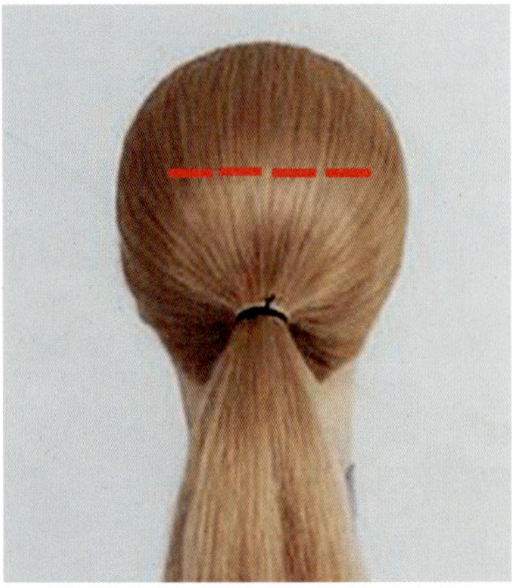

가로 일직선

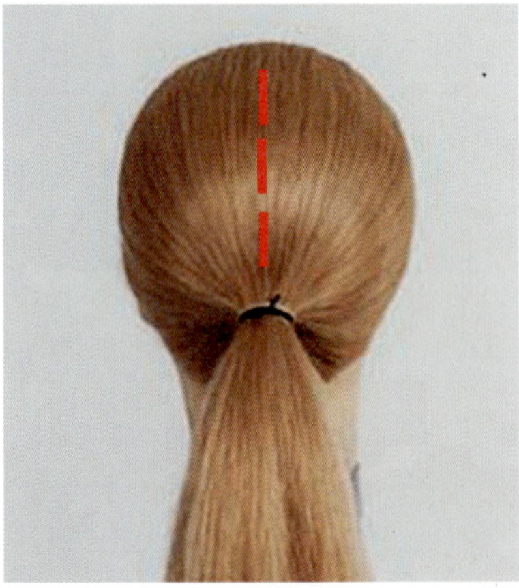

세로 일직선

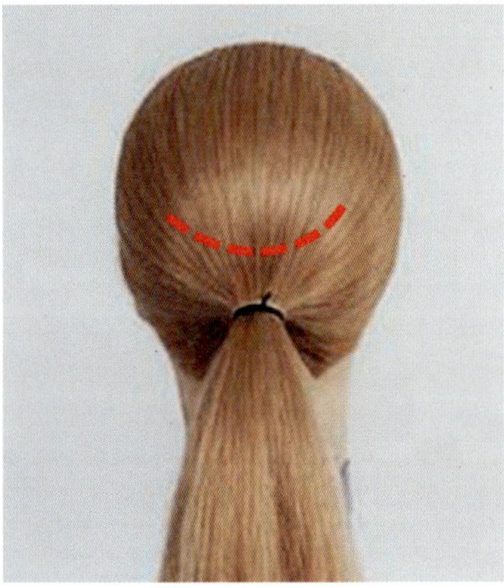

다운 라운드

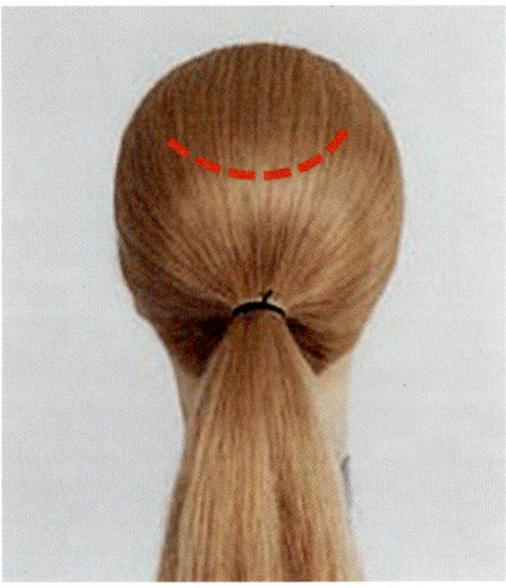

업 라운드

작품설명

- 넓은 면을 고정할 때 사용하는 방법으로 핀과 핀이 1cm 상회할 정도로 겹치도록 서로 붙는 일직선상에 고정한다.
- 곡선에서 가로로 고정해야 할 경우에는 긴 보비핀보다 길이가 짧은 스몰핀이 더 용이하다.
- 마지막 핀은 반대 방향에서 고정한다.

(3) 핀 감춰 고정하기

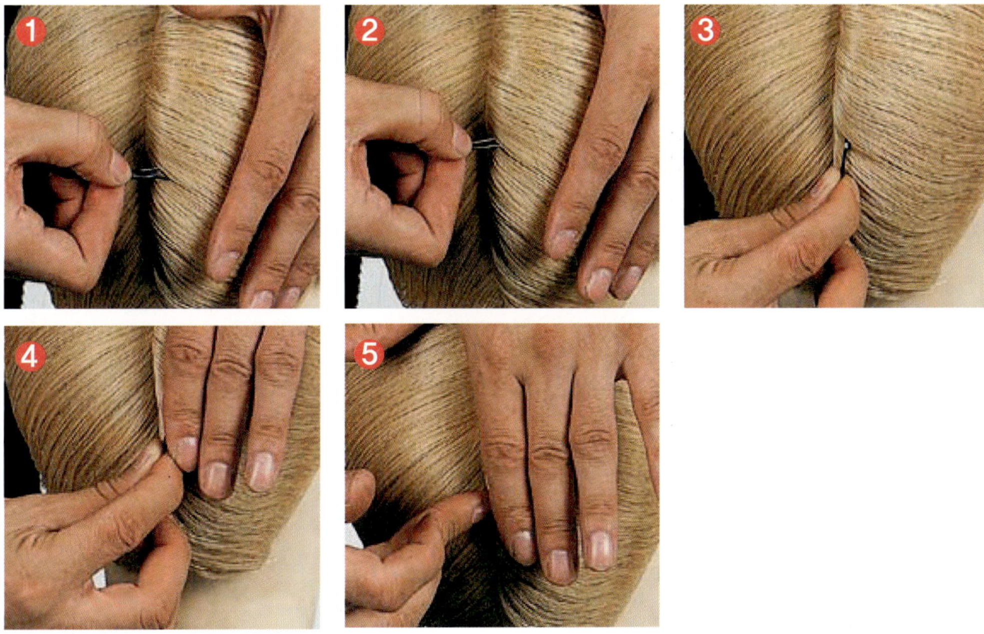

작품설명

- 핀 다리를 모발 흐름 방향과 일치시켜 모발 사이에 핀을 세워 가르면서 핀이 자리할 곳까지 이동한다.
- 핀이 세워진 상태(90°)에서 90° 회전한다.
- 세워진 핀을 두피와 평행이 되도록 90° 꺾는다.
- 왼손은 핀에 모발이 물리도록 밀착시킨다.
- 모발 깊숙이 밀어 넣는다.

(4) 볼륨 감소시키기

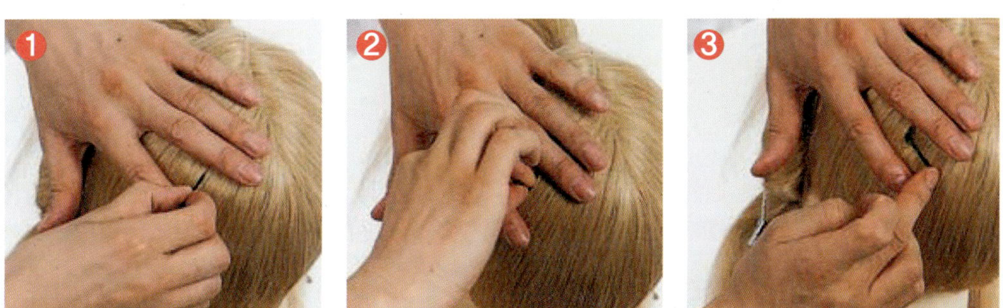

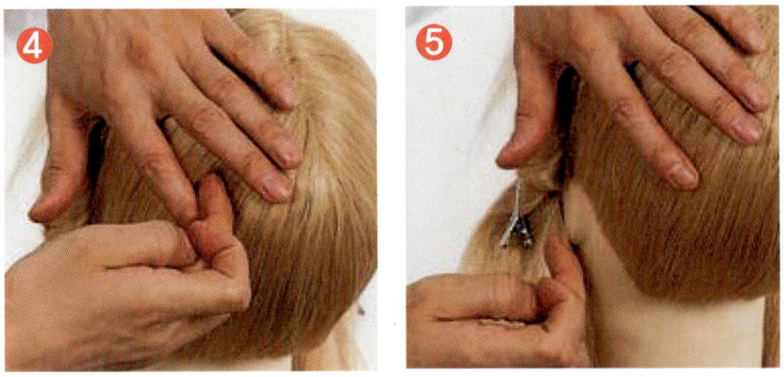

작품설명

- 손바닥 날로 누른 후 머릿결을 따라 핀으로 가른다.
- 핀을 90° 회전하여 세운다.
- 손가락 사이로 꺾어 넣듯이 밀어 넣는다.
- 핀 머리를 깊숙하게 밀어 넣는다.

(5) 트위스트 고정하기

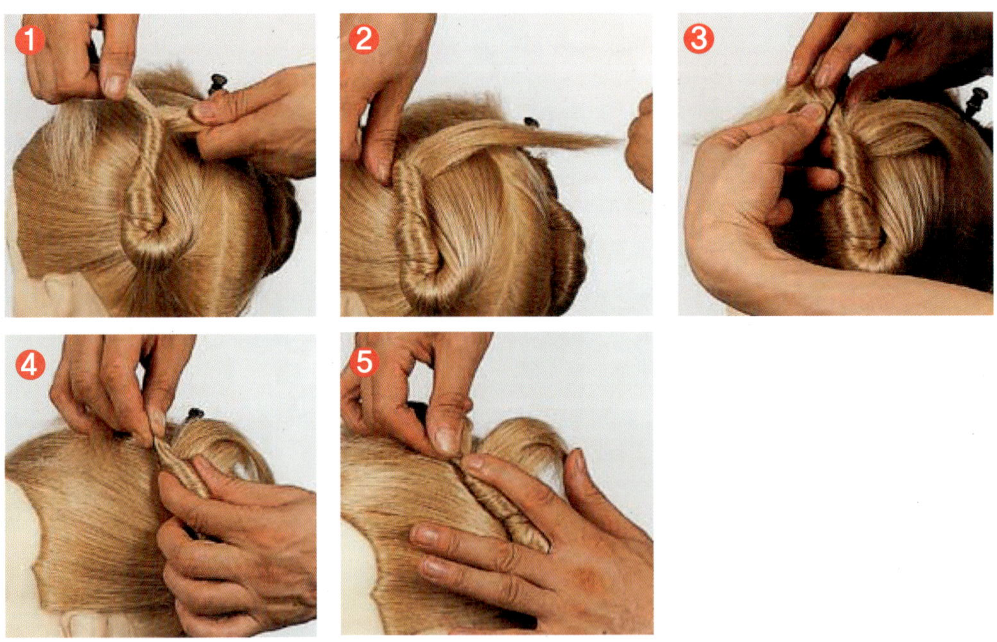

작품설명

- 트위스트의 마지막 가닥을 확인한다.
- 마지막 가닥을 잡고 있으면 흐트러지지 않으므로, 잡고 있는 가닥을 포인트로 핀을 고정한다.

- 트위스트된 마지막 가닥만을 핀 다리에 넣는다
- 핀을 꺾어 돌려 트위스트 가닥 하단 중심에 위치시킨다.

3. 핀고정 마무리하기

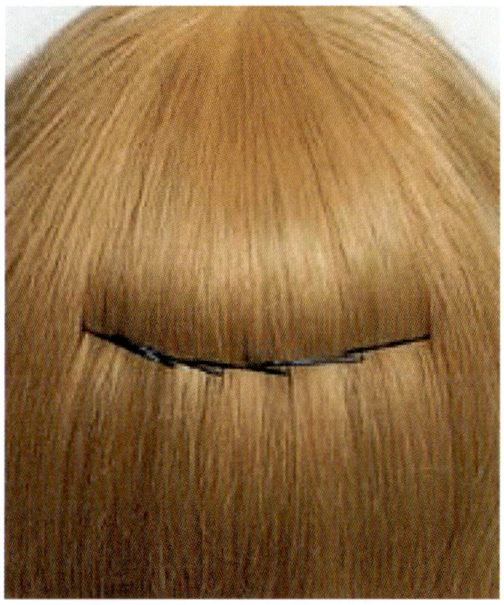
가로 일직선 고정

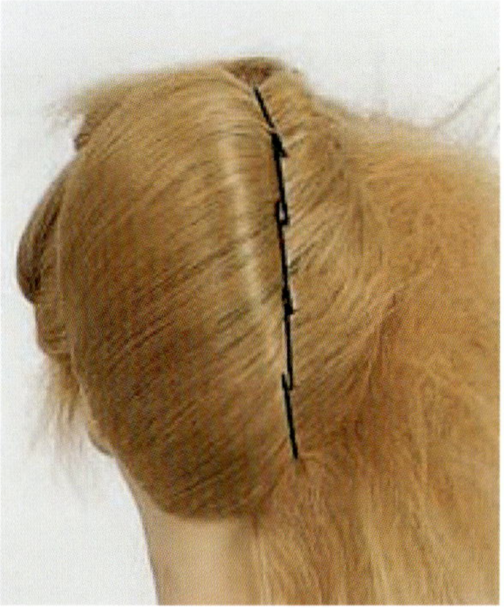
세로 일직선 고정

다운 라운드 고정

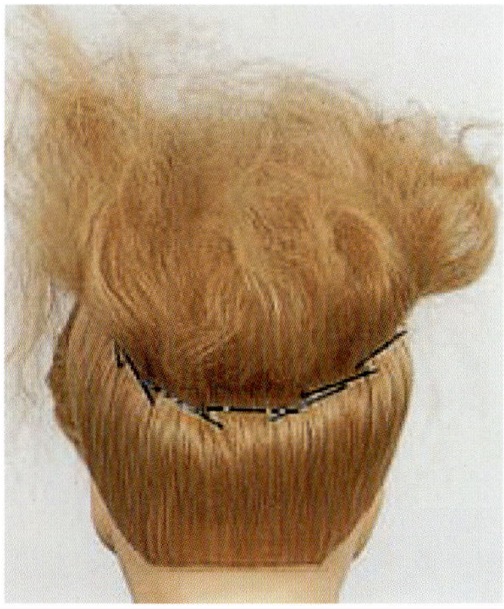
업 라운드 고정

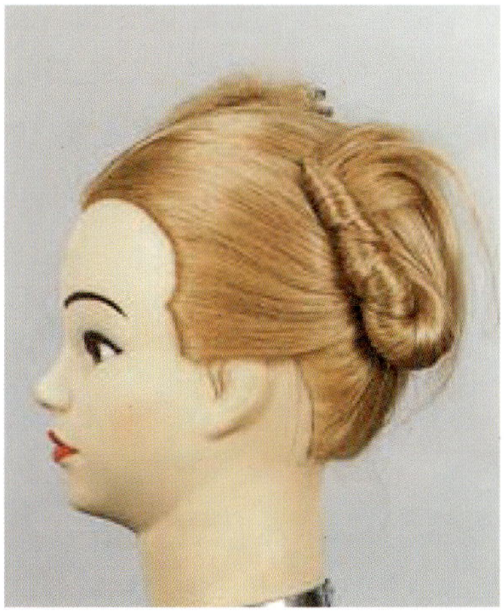
트위스트 고정

9 th week

Chapter 03

베이직 업스타일 실기

브러싱

학습내용(단원명)	수업 목표
브러싱	• 브러싱을 준비할 수 있다. • 브러싱을 할 수 있다. • 브러싱을 마무리할 수 있다.

1. 브러싱 준비하기

1. 선행학습

준비물

가발, 홀더, 브러시, 꼬리빗

브러시를 어떻게 사용하는가에 따라 면의 질감이나 볼륨이 달라져 셰이핑(shaping)에 큰 영향을 미친다.

셰이핑을 크게 나누면 일반적으로 페이스 셰이핑, 면 셰이핑, 마무리 셰이핑의 세가지로 나눌 수 있다. 또한 목적에 따라 셰이핑의 방법이 달라질 수 있다.

(1) 피니시 셰이핑

면을 향해 브러시 날을 세워 들어가게 되면 역모가 풀리기도 하고 볼륨을 눌러 버리는 경우가 있을 수 있기 때문에 빗을 시작점에서 15° 정도 이내에서 면과 빗살이 평행에 가깝게 눕혀 빗질을 하고, 끝나는 과정에 이르기까지 브러시를 180° 이상의 회전을 이룬다.

(2) 페이스 브러싱 과정

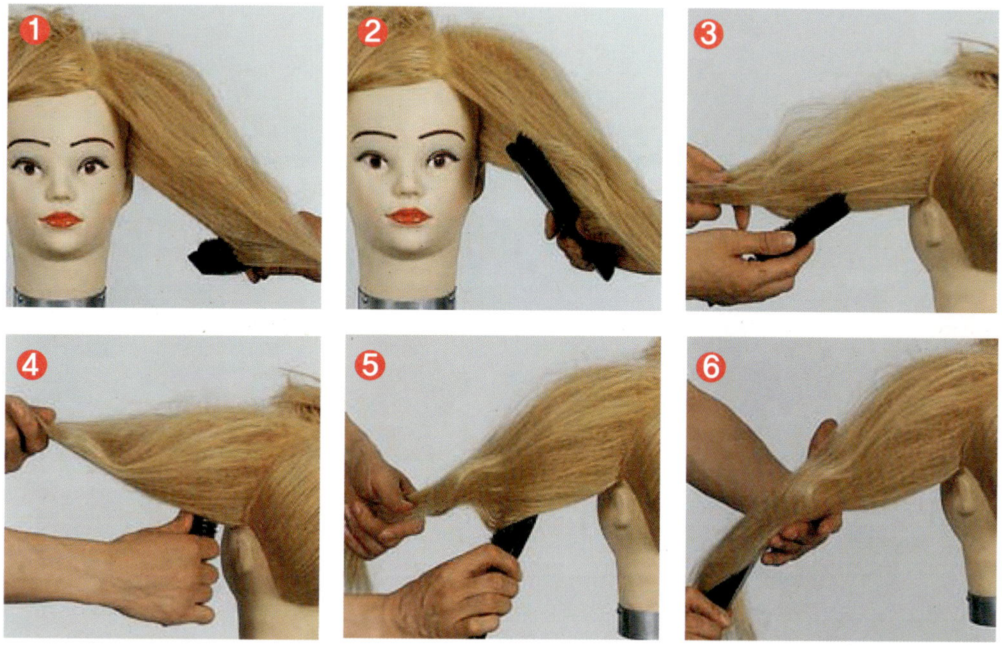

2. 브러싱 작업하기

(1) 페이스 셰이핑

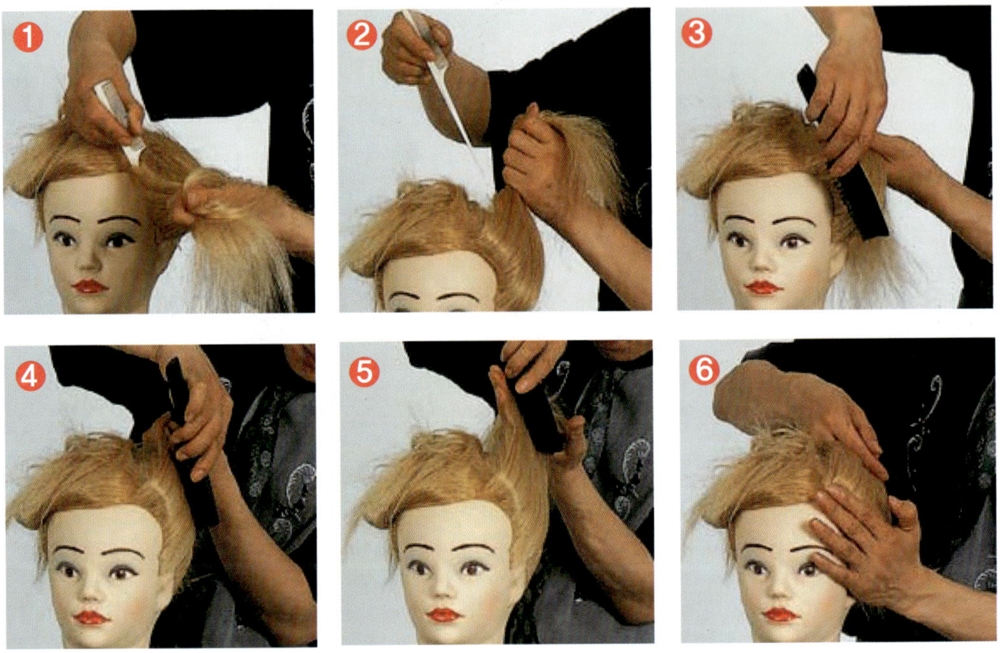

작품설명

- 면을 걸어 올려 볼륨라인을 잡는다.
- 볼륨라인을 넘어서부터 브러시의 면을 이용하여 힘있게 셰이핑한다.
- 업 셰이핑으로 모발 끝까지 진행한다.
- 손을 바꿔 잡으면서 셰이핑으로 실루엣과 면의 질감을 잡는다.

(2) 업 셰이핑 & 다운 셰이핑

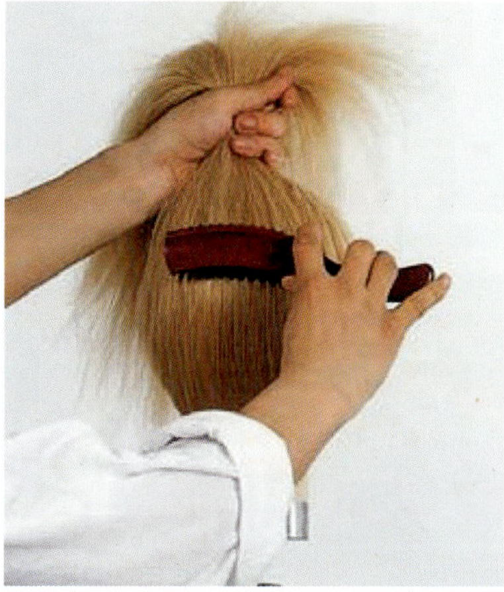

업 셰이핑

다운 셰이핑

작품설명

- 면이 시작되는 부위(헴라인)에서 브러시의 각을 세워 시작하여 최대한 넓은 면을 끌어서 브러싱한다.
- 볼륨라인을 넘어서부터 브러시의 면을 이용하여 힘있게 셰이핑한다.
- 업 셰이핑으로 모발 끝까지 진행한다.
- 손을 바꿔 잡으면서 셰이핑으로 실루엣과 면의 질감을 잡는다.

3. 브러싱 마무리하기

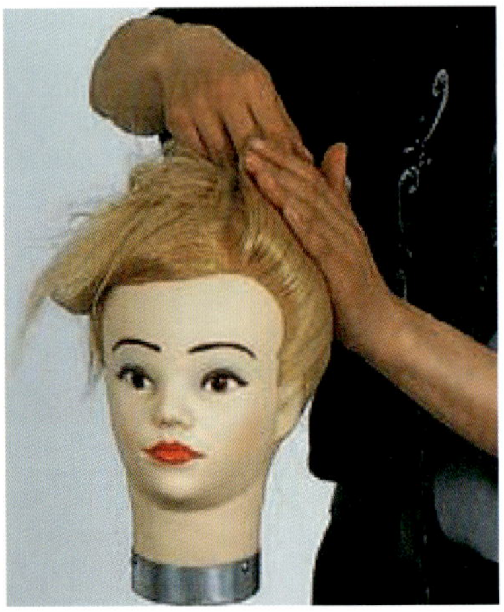

페이스 셰이핑

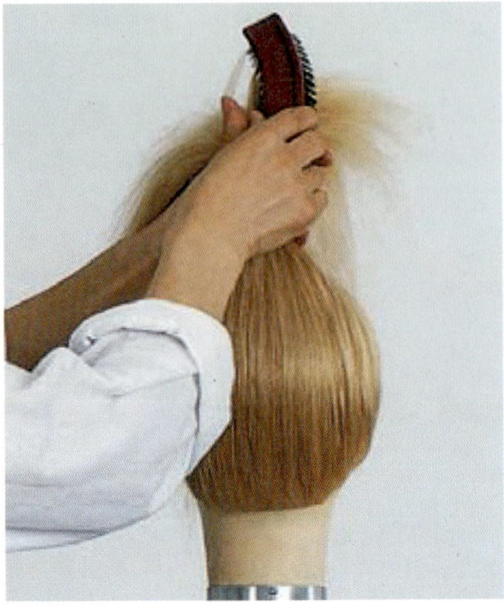

업 셰이핑

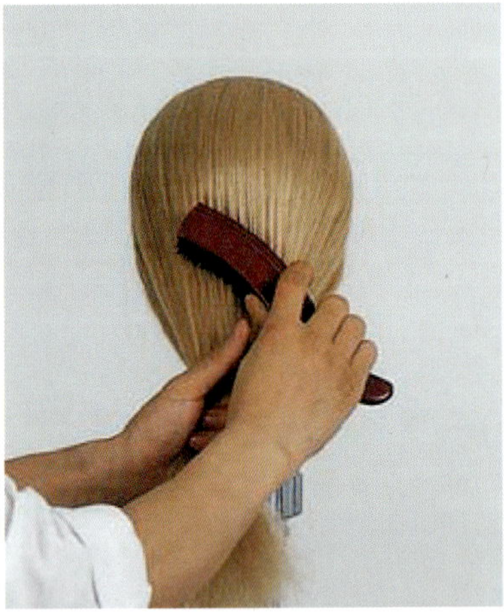

다운 셰이핑

10th week

Chapter 03

베이직 업스타일 실기

묶기

학습내용(단원명)	수업 목표
묶기	• 묶기를 준비할 수 있다. • 묶기를 할 수 있다. • 묶기를 마무리할 수 있다.

1. 묶기 준비하기

1. 선행학습

포니테일(ponytail) 스타일이나 모량과 실루엣의 조절, 땋기 등에서 반드시 거치는 과정으로 묶는 도구로는 고무줄과 끈이 있다.

준비물

가발, 홀더, 꼬리빗, 고무줄, 끈, 스프레이

(1) 빽콤으로 마무리하기

땋기에서 더 이상 땋을 수 없는 곳에서 빽콤한 후 스프레이한다.

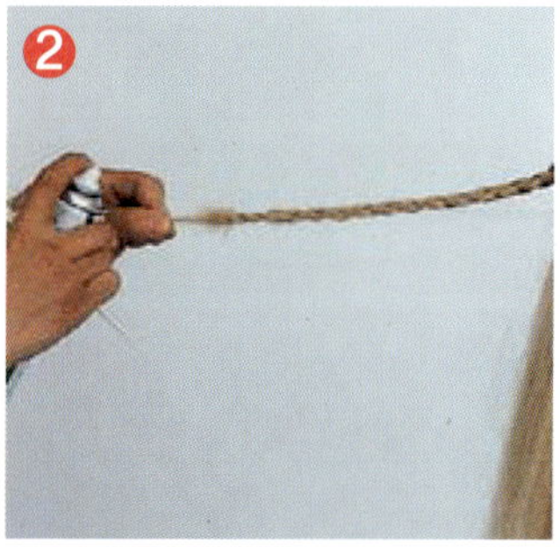

(2) 극소량 모발 묶기

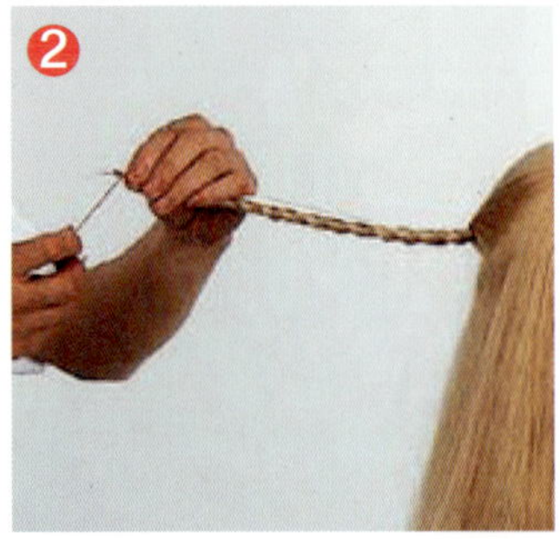

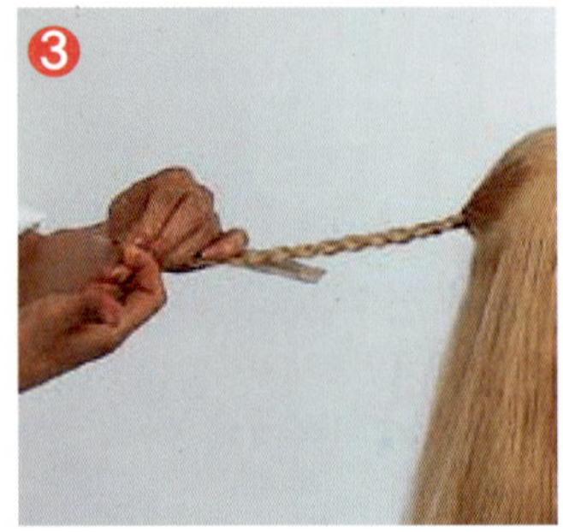

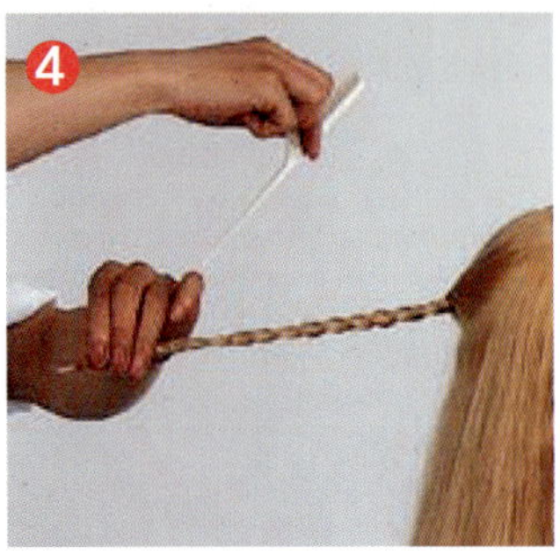

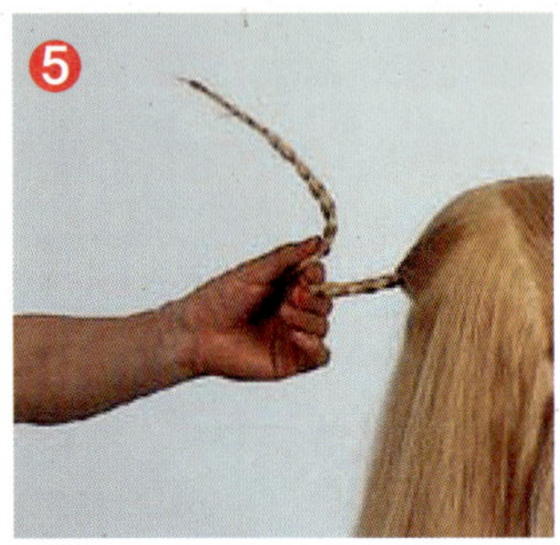

2. 묶기 작업하기

(1) 고무줄 묶기

작품설명

- 모발을 엄지와 검지 사이 깊숙이 밀어 넣어 잡고 보비핀 다리 사이에 고무줄 두 개를 넣는다.
- 검지손가락에 고무줄을 건다.
- 고무줄이 느슨하지 않을 때까지 감아 돌린다.
- 검지손가락에 걸었던 고무줄을 핀 속으로 넣는다.
- 빠지지 않도록 직각으로 세워 꽂는다.

(1) 끈 묶기

작품설명

- 엄지와 검지 사이 깊숙이 모발을 집어 넣고 나머지 손가락으로 엄지와 검지 사이에 끈을 잡는다
- 끈을 타이트하게 감는다.
- 끈을 한 번 감는다.
- 끈을 바짝 들어 텐션을 강하게 하고 당겨 돌린다.

3. 묶기 마무리하기

고무줄 묶기

끈 묶기

11 th week

Chapter 03

베이직 업스타일 실기

토대

학습내용(단원명)	수업 목표
토대	• 토대를 준비할 수 있다. • 토대를 할 수 있다. • 토대를 마무리할 수 있다.

1. 토대 준비하기

1. 선행학습

준비물

가발, 홀더, 꼬리빗, 끈, 핀셋, 핀, 스틱

토대는 집을 받쳐 주는 주춧돌과 같이 디자인의 기초가 되는 부분을 말한다.

토대는 두상과 모량, 모질의 조건, 디자인을 고려해서 넓이, 높이, 위치를 결정한다.

디자인에 필요한 모량 외에는 토대에 포함시켜 처리하는 양이 많은 경우 땋기를 하여 요철이 생기지 않도록 펴서 고정하고, 숱이 적을 경우에는 빽콤이나 심으로 보충하여 높이와 면적을 조절한다.

토대 위치에서 항상 핀이 자리하기 때문에 느슨하지 않게 토대가 만들어져야 하며, 일반적으로 토대는 G/P, T/P, B/P에 위치하고 디자인에 따라 다양한 포인트에 위치할 수 있다.

(1) 원형 묶음 토대

원형 묶음 토대는 모량이 많은 경우에 빽콤을 넣지 않고 타이트하게 묶은 모근을 토대로 한다. 타이트한 모발에 의지하여 핀이 조정되기 때문에 묶음이 약하고 느슨하면 핀도 느슨해져서 토대의 역할을 할 수 없다.

(2) 원형 빽콤 토대

원형 빽콤 토대는 시뇽이 골덴 포인트나 톱 포인트에 위치하는 프론탈 타입(frontal type)에 많이 응용된다. 토대 부분의 모량이 많을 경우에는 땋고, 모량이 보통일 경우에는 빽콤하여 핀이 자리할 부분과 기본 실루엣을 잡는다.

(3) 역삼각형 토대

역삼각형 토대는 네이프 포인트나 백 포인트에 위치하는 롤이나 시뇽(chignon)이 후두부에 놓이는 디자인에 적용된다.

(4) 직삼각형 토대

직삼각형 토대는 골덴 포인트나 톱 포인트에 시뇽이 위치하고 후두부에 볼륨 있는 실루엣을 얻고자 하는 겹치기 디자인에 적용된다.

2. 토대 작업하기

(1) 원형 묶음 토대

작품설명

- 토대에 핀이 자리할 수 있도록 타이트하게 땋기를 한다.
- 요철이 생기지 않도록 넓게 펴고 고정한다.

(2) 원형 빽콤 토대

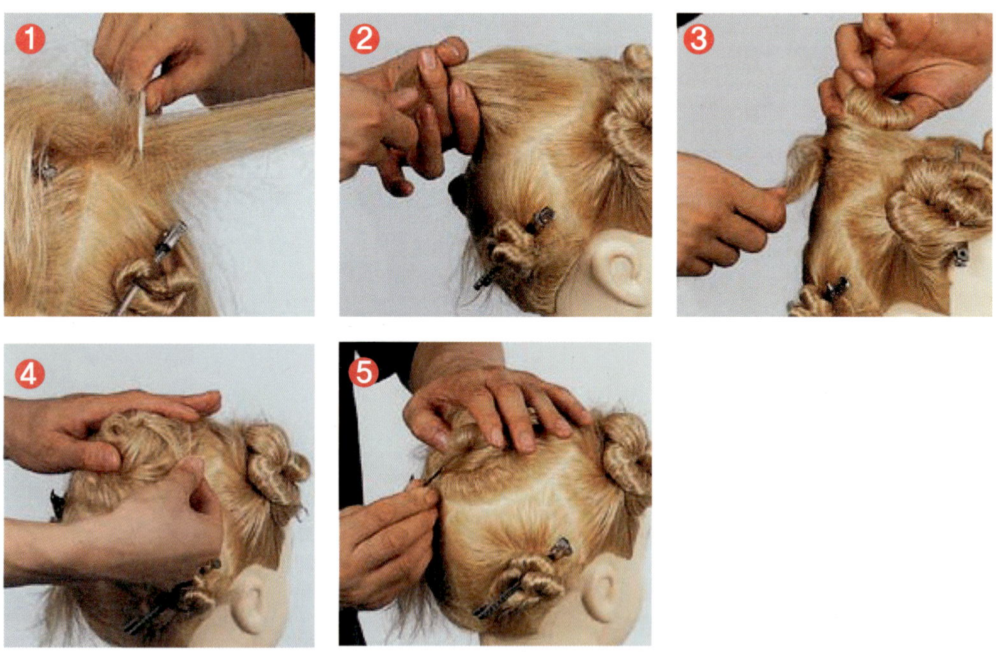

작품설명

- 원형 파트에 양감 있는 빽콤을 넣는다.
- 가지런히 정리하여 모근을 엄지와 검지로 잡고 감아 돌린다.
- 토대의 면을 고르게 편다.
- 상하좌우에 보비핀으로 고정한다.

(3) 직삼각형 토대

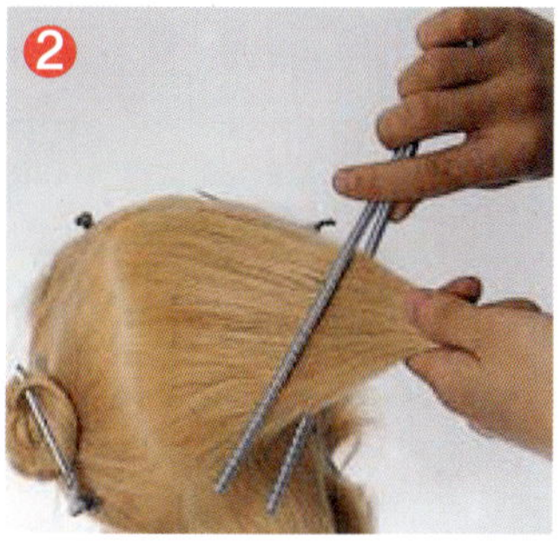

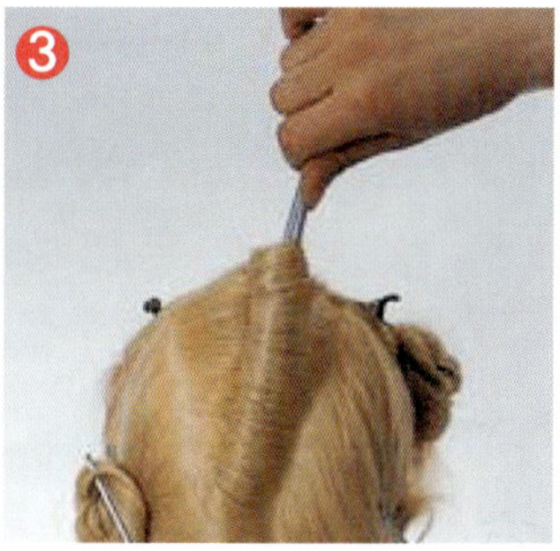

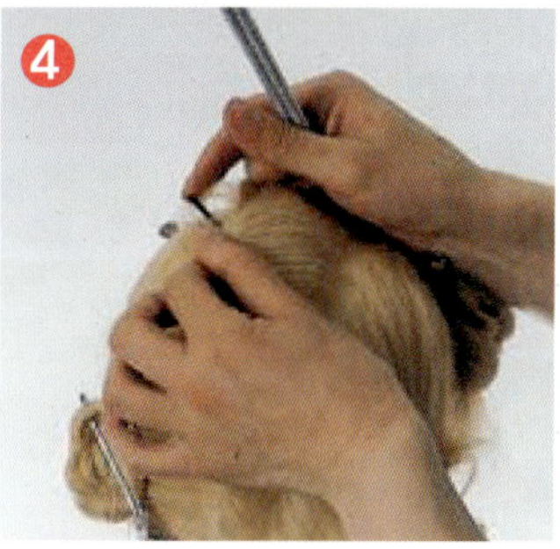

작품설명

- 토대 파트에 양감있는 빽콤을 한다.
- 스틱을 이용하여 타이트하게 만다.
- 중심에 위치하도록 한다.
- 느슨하지 않게 핀으로 고정한다.

3. 토대 마무리하기

원형 묶음 토대

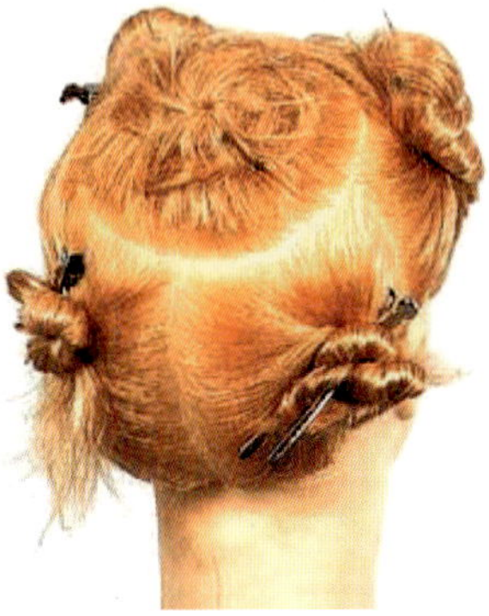

원형 빽콤 토대

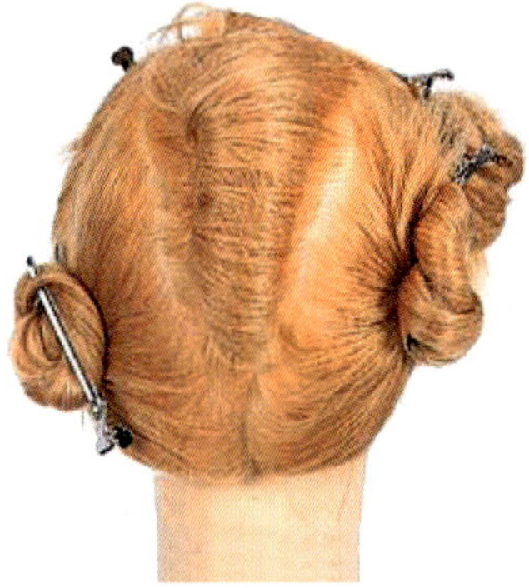

직삼각형 토대

12th week

Chapter 03

베이직 업스타일 실기

꼬기

학습내용(단원명)	수업 목표
꼬기	• 꼬기를 준비할 수 있다. • 꼬기를 할 수 있다. • 꼬기를 마무리할 수 있다.

1. 꼬기 준비하기

1. 선행학습

준비물

가발, 홀더, 꼬리빗, 끈

꼬기는 섹션을 꼬는 횟수에 따라 변하는 형태를 연출하는 외가닥 꼬기, 두 가닥을 꼬아 얽는 새끼줄 꼬기, 세 가닥의 로프 꼬기 등이 있다.

꼬기는 자체만으로 스타일을 연출하기도 하지만 스타일의 한 포인트로 다양하게 연출된다.

2. 꼬기 작업하기

(1) 외가닥 꼬기

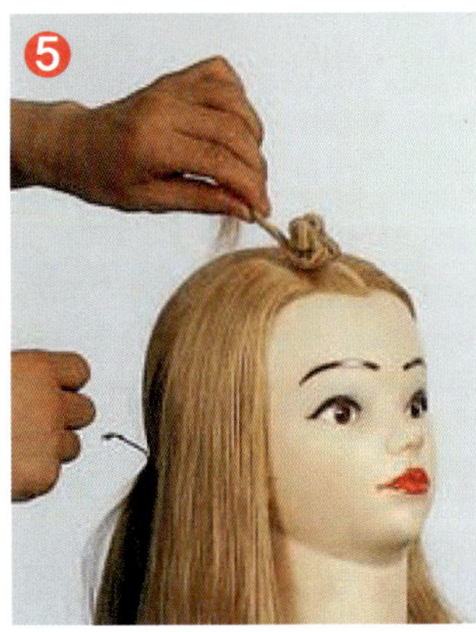

작품설명

- 섹션을 텐션있게 잡는다.
- 검지손가락에 걸어 돌린다.
- 섹션 가닥이 계속 틀어지도록 돌린다.
- 직선꼬기가 똬리를 틀 때까지 돌린다.
- 손가락을 두피에 놓으면 자동으로 똬리가 만들어진다.

(2) 가닥 연결 꼬기

작품설명

- 첫 번째 따리의 가닥 끝을 다음 섹션과 합친다.
- 합친 가닥을 외가닥 꼬기와 동일한 방법으로 진행한다.
- 합치면서 가닥이 풀리지 않도록 잡는다.
- 마지막 꼬기의 가닥 끝에 핀을 걸어 고정한다.

(3) 두 가닥 로프 꼬기

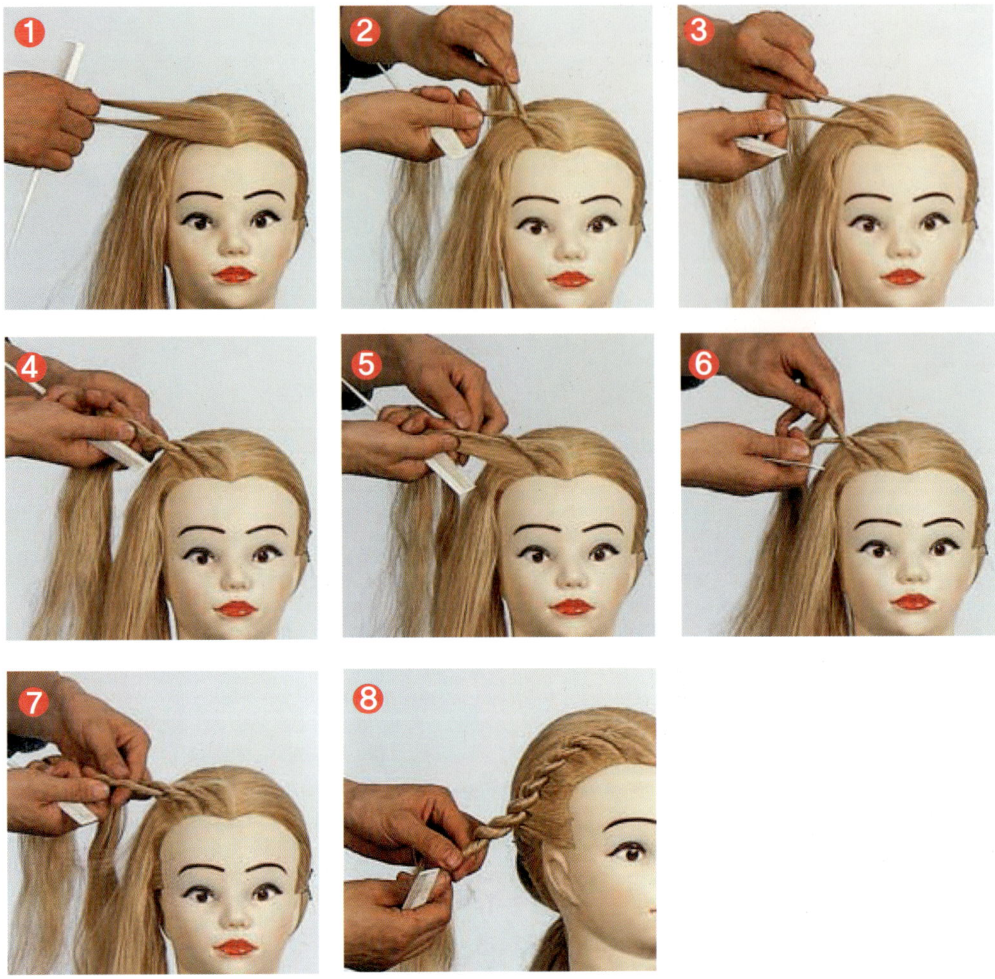

작품설명

- 두 가닥으로 나눈다.
- 두 가닥을 얼굴 방향으로 돌린다.
- 앞쪽 가닥이 위로 올라가게 돌린다.
- 아래 가닥에 섹션을 잡아 합친다.
- 합친 상태에서 얼굴 방향으로 돌린다.
- 꼬아진 가닥을 다시 위로 올리고 섹션을 잡아 아래에 있는 가닥과 합친다.

3. 꼬기 마무리하기

외가닥 꼬기

가닥 연결 꼬기

두 가닥 로프 꼬기

13 th week

Chapter 03

베이직 업스타일 실기

매듭

학습내용(단원명)	수업 목표
매듭	• 매듭을 준비할 수 있다. • 매듭을 할 수 있다. • 매듭을 마무리할 수 있다

1. 매듭 준비하기

1. 선행학습

스트레이트 모발에 면을 연출하여 매듭 요철의 특성을 살려서 연출한다. 여성스런 아름다움을 연출할 수 있으나 모량이 적거나 짧으면 작업이 어렵다는 단점이 있다.

준비물

가발, 홀더, 꼬리빗, 끈, 핀, 왁스

2. 매듭 작업하기

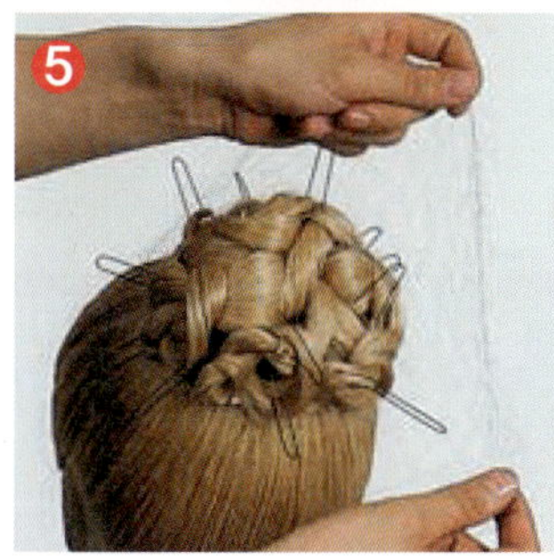

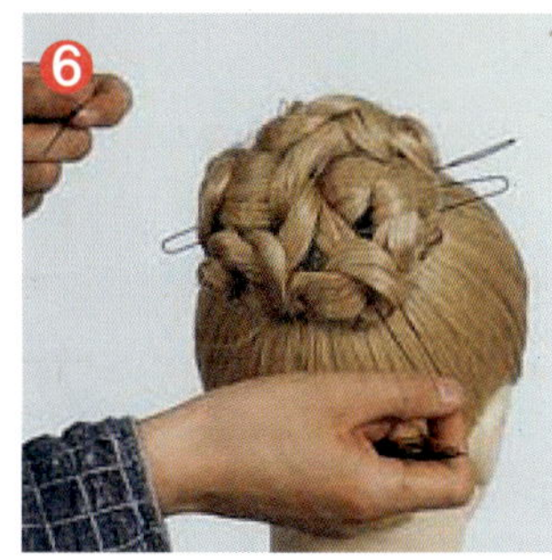

작품설명

- 모발의 길이에 맞게 매듭을 만든다.
- 왁스를 발라 매끈하게 매듭을 만든다.
- U핀으로 임시 고정하여 전체적인 실루엣을 잡는다.
- U핀을 빼고 갈고리 핀을 이용하여 고정한다.

3. 매듭 마무리하기

14th week

Chapter 03

베이직 업스타일 실기

고리

학습내용(단원명)	수업 목표
고리	• 고리를 준비할 수 있다. • 고리를 할 수 있다. • 고리를 마무리할 수 있다.

1. 고리 준비하기

1. 선행학습

준비물

가발, 홀더, 꼬리빗, 끈, 핀

고리는 모발 끝의 깔끔하고 빠른 마무리에 주로 활용되며 측면의 연출, 그 밖의 형태를 고려하지 않고 한 동작으로 효과적인 면을 고정하는 기능으로 연출된다. 주로 U핀의 고정은 빠른 작업을 가능하게 한다.

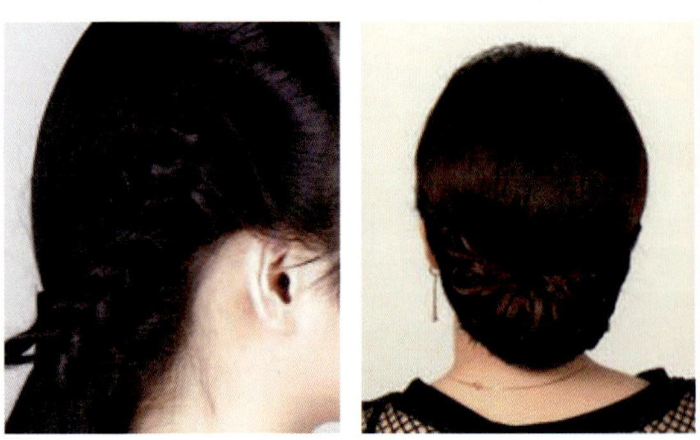

그림 3-4 포인트 연출 스타일

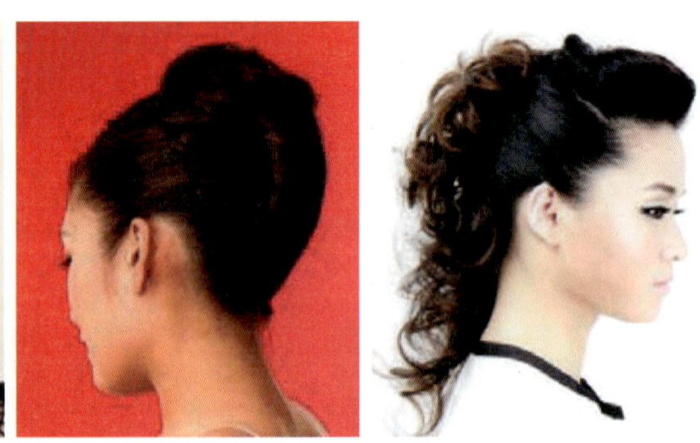

그림 3-5 면의 연출 스타일

2. 고리 작업하기

(1) 왼쪽 → 오른쪽

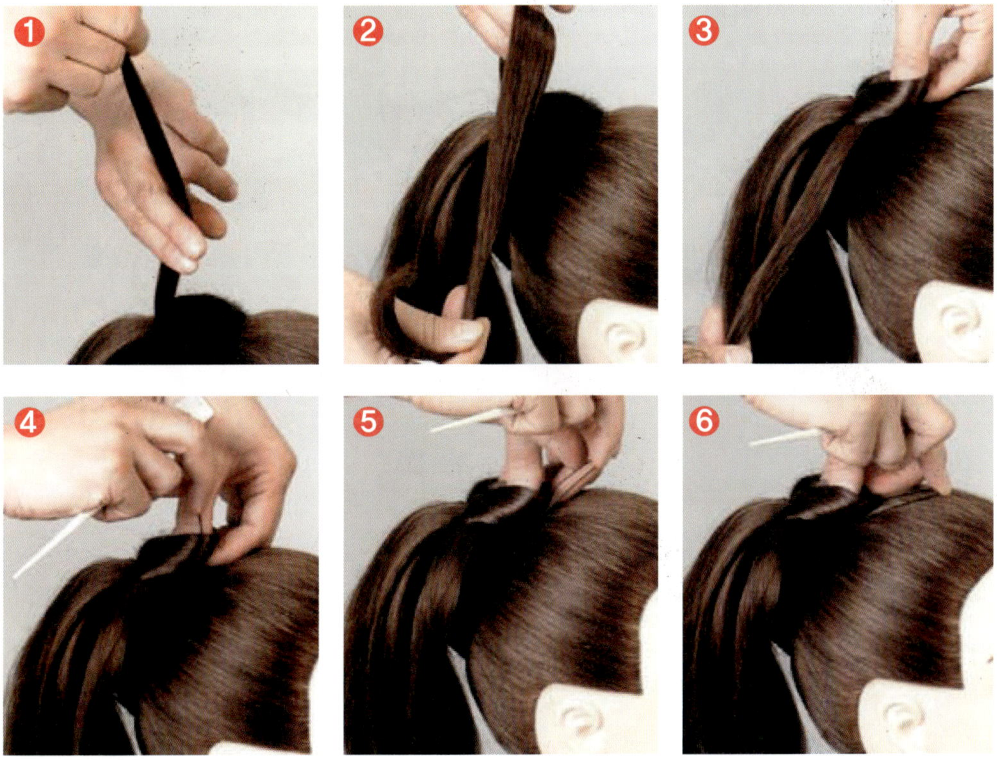

작품설명

- 섹션을 잡고 꺾을 위치에 손가락을 건다.
- 좌우로 맞당기듯이 하여 꺾는다.
- 손목을 회전시켜 고리를 만들고 두피에 밀착시킨다.
- 처음부터 잡고 있던 위치에 U핀을 고정한다.

(2) 왼쪽 → 오른쪽

작품설명

- 검지와 중지로 모발의 끝을 손톱 방향으로 꺾는다.
- 잡고 있는 손가락에는 당기는 듯한 힘을 유지하고 손목을 돌려 엄지 손톱을 바깥으로 밀어 붙이듯 면에 밀착시킨다.

3. 고리 마무리하기

왼쪽 → 오른쪽

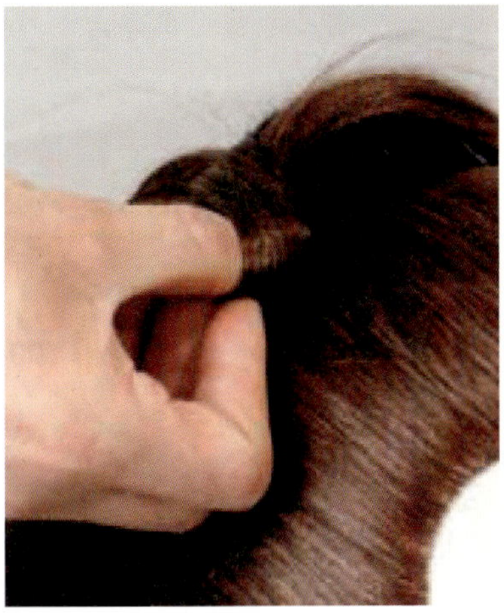

오른쪽 → 왼쪽

15 th week

Chapter 03

베이직 업스타일 실기

땋기

학습내용(단원명)	수업 목표
땋기	• 땋기를 준비할 수 있다. • 땋기를 할 수 있다. • 땋기를 마무리할 수 있다.

1. 땋기 준비하기

준비물

가발, 홀더, 꼬리빗, 고무줄

1. 선행학습

땋기의 종류		가닥 땋기	편 끌어 땋기	양편 끌어 땋기
세가닥 땋기	오버 브레이드			
	언더 브레이드			

땋기의 종류		가닥 땋기	편 끌어 땋기	양편 끌어 땋기
네가닥 땋기	평면형			
네가닥 땋기	사슬형			
빗살 땋기				
새끼 꼬기 땋기	두가닥 땋기			
로프 땋기	세가닥 로프			

2. 땋기 작업하기

작품설명

- 가닥을 손가락 사이에 끼운다.
- 슬라이스각은 모발 진행 각보다 커야 한다.
- 후두부에서 손목이 들리지 않도록 한다.

3. 땋기 마무리하기

위로 땋기(over braid)

아래로 땋기(under braid)

Memo

수행평가

	교과명 : 베이직 업스타일(　　차) 수행평가서	
교수명 (학습자명)		
학생명 (피평가자명)		
평가방법	평가자 체크리스트	
능력단위(요소)명 /코드명	헤어세트롤러하기 〈1201010138_16v3.1〉 베이직 업스타일하기 〈1201010138_16v3.2〉 베이직 업스타일 마무리하기 〈1201010138_16v3.3〉	
평가계획	평가 1 : (Pass/Fail)	날짜 : 20　년　월　일
	재평가 2 : (Pass/Fail)	날짜 : 20　년　월　일
	재평가 3 : (Pass/Fail)	날짜 : 20　년　월　일
	최종 수행 완료 시점	〈　　번〉
학습내용 (단원명)	 꼬기	

<table>
<tr><th colspan="2" rowspan="3">평가항목(수행준거)</th><th colspan="5">성취수준</th></tr>
<tr><th>매우 미흡</th><th>미흡</th><th>보통</th><th>우수</th><th>매우 우수</th></tr>
<tr><th>①</th><th>②</th><th>③</th><th>④</th><th>⑤</th></tr>
<tr><td rowspan="4">헤어 세트롤러 하기</td><td>1. 나는 고객의 모발상태와 디자인목적에 따라 일반 세트롤러 또는 전기세트 롤러를 선택하여 사용할 수 있다.</td><td></td><td></td><td></td><td></td><td></td></tr>
<tr><td>2. 나는 헤어세트롤러 도구에 따라 모발의 수분함량을 조절하여 와인딩할 수 있다.</td><td></td><td></td><td></td><td></td><td></td></tr>
<tr><td>3. 나는 디자인에 따라 헤어세트롤러의 와인딩 방향과 각도를 조절할 수 있다.</td><td></td><td></td><td></td><td></td><td></td></tr>
<tr><td>4. 나는 모발의 끝이 꺾이거나 손상되지 않도록 모발 끝을 정리하여 와인딩할 수 있다.</td><td></td><td></td><td></td><td></td><td></td></tr>
<tr><td rowspan="5">베이직 업스타일 하기</td><td>1. 나는 디자인연출에 필요한 업스타일도구를 선택하여 사용할 수 있다.</td><td></td><td></td><td></td><td></td><td></td></tr>
<tr><td>2. 나는 디자인목적에 따라 빗질, 블로킹, 묶기, 토대 만들기를 할 수 있다.</td><td></td><td></td><td></td><td></td><td></td></tr>
<tr><td>3. 나는 업스타일 디자인에 따라 빽콤을 이용한 볼륨연출과 모류교정을 할 수 있다.</td><td></td><td></td><td></td><td></td><td></td></tr>
<tr><td>4. 나는 다양한 업스타일 핀을 활용하여 모발을 정확하게 고정할 수 있다.</td><td></td><td></td><td></td><td></td><td></td></tr>
<tr><td>5. 나는 디자인 연출을 위해 땋기, 꼬기, 꺾기, 롤링, 매듭 등의 기법을 할 수 있다.</td><td></td><td></td><td></td><td></td><td></td></tr>
<tr><td rowspan="3">베이직 업스타일 마무리 하기</td><td>1. 나는 헤어스타일링 제품을 사용하여 업스타일을 마무리할 수 있다.</td><td></td><td></td><td></td><td></td><td></td></tr>
<tr><td>2. 나는 업스타일의 전체적인 균형을 체크하고 디자인을 보정할 수 있다.</td><td></td><td></td><td></td><td></td><td></td></tr>
<tr><td>3. 나는 고객의 만족을 확인하고 디자인을 조화롭게 마무리할 수 있다.</td><td></td><td></td><td></td><td></td><td></td></tr>
</table>

<table>
<tr><th></th><th colspan="2">교과명 : 베이직 업스타일(　　　차) 수행평가서</th></tr>
<tr><td>교수명
(학습자명)</td><td colspan="2"></td></tr>
<tr><td>학생명
(피평가자명)</td><td colspan="2"></td></tr>
<tr><td>평가방법</td><td colspan="2">평가자 체크리스트</td></tr>
<tr><td>능력단위(요소)명
/코드명</td><td colspan="2">헤어세트롤러하기 〈1201010138_16v3.1〉
베이직 업스타일하기 〈1201010138_16v3.2〉
베이직 업스타일 마무리하기 〈1201010138_16v3.3〉</td></tr>
<tr><td rowspan="4">평가계획</td><td>평가 1 : (Pass/Fail)</td><td>날짜 : 20　　년　　월　　일</td></tr>
<tr><td>재평가 2 : (Pass/Fail)</td><td>날짜 : 20　　년　　월　　일</td></tr>
<tr><td>재평가 3 : (Pass/Fail)</td><td>날짜 : 20　　년　　월　　일</td></tr>
<tr><td>최종 수행 완료 시점</td><td>〈　　　번〉</td></tr>
<tr><td rowspan="2">학습내용
(단원명)</td><td colspan="2"></td></tr>
<tr><td colspan="2">땋기</td></tr>
</table>

평가항목(수행준거)		성취수준				
		매우 미흡	미흡	보통	우수	매우 우수
		①	②	③	④	⑤
헤어 세트롤러 하기	1. 나는 고객의 모발상태와 디자인목적에 따라 일반 세트롤러 또는 전기세트 롤러를 선택하여 사용할 수 있다.					
	2. 나는 헤어세트롤러 도구에 따라 모발의 수분함량을 조절하여 와인딩할 수 있다.					
	3. 나는 디자인에 따라 헤어세트롤러의 와인딩 방향과 각도를 조절할 수 있다.					
	4. 나는 모발의 끝이 꺾이거나 손상되지 않도록 모발 끝을 정리하여 와인딩할 수 있다.					
베이직 업스타일 하기	1. 나는 디자인연출에 필요한 업스타일도구를 선택하여 사용할 수 있다.					
	2. 나는 디자인목적에 따라 빗질, 블로킹, 묶기, 토대 만들기를 할 수 있다.					
	3. 나는 업스타일 디자인에 따라 빽콤을 이용한 볼륨연출과 모류교정을 할 수 있다.					
	4. 나는 다양한 업스타일 핀을 활용하여 모발을 정확하게 고정할 수 있다.					
	5. 나는 디자인 연출을 위해 땋기, 꼬기, 꺾기, 롤링, 매듭 등의 기법을 할 수 있다.					
베이직 업스타일 마무리 하기	1. 나는 헤어스타일링 제품을 사용하여 업스타일을 마무리할 수 있다.					
	2. 나는 업스타일의 전체적인 균형을 체크하고 디자인을 보정할 수 있다.					
	3. 나는 고객의 만족을 확인하고 디자인을 조화롭게 마무리할 수 있다.					

포트폴리오 (PORTFOLIO)

1주	베이직 업스타일 이론(1)	9주	브러싱
2주	베이직 업스타일 이론(2)	10주	묶기
3주	베이직 업스타일 이론(3)	11주	토대
4주	베이직 업스타일 이론(4)	12주	꼬기
5주	베이직 업스타일 이론(5)	13주	매듭
6주	세트롤러	14주	고리
7주	빽콤	15주	땋기
8주	핀고정		

학교	
학과	
이름	
학번	
담당교수	
제출일	
점수	

단원평가

1st week
베이직 업스타일 이론(1)

1. 업스타일의 정의에 대해 쓰시오.

2. 디자인 기본 요소에 대해 쓰시오.

MEMO

단원평가

2nd week
베이직 업스타일 이론(2)

1. 업스타일의 디자인 구성 3요소에 대해 쓰시오.

2. 업스타일 디자인 조형 원리에 대해 쓰시오.

MEMO

단원평가

3rd week
베이직 업스타일 이론(3)

1. 업스타일의 디자인 기법에 대해 쓰시오.

2. 업스타일 디자인 결정에 대해 쓰시오.

MEMO

단원평가

1. 두상의 포인트에 대해 쓰시오.

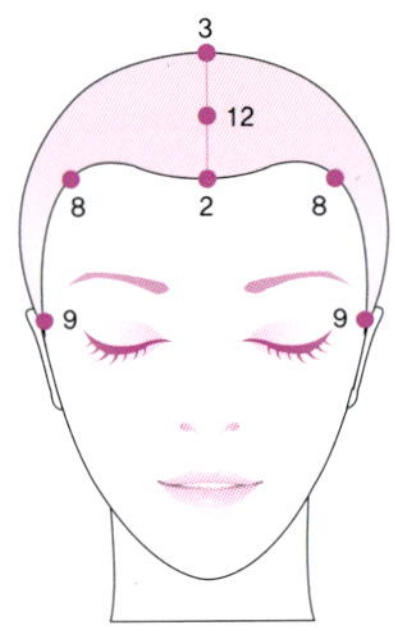

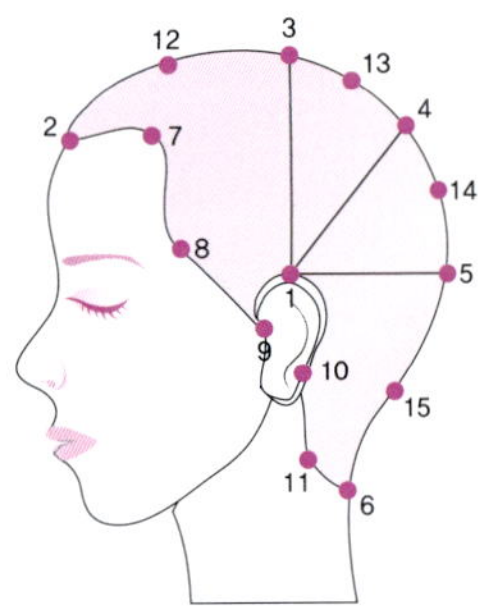

2. 블로킹 라인에 대해 쓰시오.

MEMO

단원평가

5th week

베이직 업스타일 이론(5)

1. 업스타일의 도구에 대해 쓰시오.

2. 업스타일의 제품에 대해 쓰시오.

MEMO

6th week
세트롤러

실습사진

앞(Front)	뒤(Back)
우측(Right Side)	좌측(Left Side)

단원평가

세트롤러 실습에 대한 장점과 단점, 그리고 느낀 점을 쓰시오.

1. 장점

2. 단점

3. 느낀 점

Memo

학생 자가진단 및 교수 평가

능력단위명 〈코드〉		베이직 업스타일 〈1201010138_16v3〉									
진단 영역	진 단 문 항	학생 평가					교수 평가				
		매우 미흡	미흡	보통	우수	매우 우수	매우 미흡	미흡	보통	우수	매우 우수
헤어 세트롤러 하기	1. 나는 고객의 모발상태와 디자인목적에 따라 일반 세트롤러 또는 전기세트롤러를 선택하여 사용할 수 있다.	①	②	③	④	⑤	①	②	③	④	⑤
	2. 나는 헤어세트롤러 도구에 따라 모발의 수분함량을 조절하여 와인딩할 수 있다.	①	②	③	④	⑤	①	②	③	④	⑤
	3. 나는 디자인에 따라 헤어세트롤러의 와인딩 방향과 각도를 조절할 수 있다.	①	②	③	④	⑤	①	②	③	④	⑤
	4. 나는 모발의 끝이 꺾이거나 손상되지 않도로 모발 끝을 정리하여 와인딩할 수 있다.	①	②	③	④	⑤	①	②	③	④	⑤
베이직 업스타일 하기	1. 나는 디자인 연출에 필요한 업스타일 도구를 선택하여 사용할 수 있다.	①	②	③	④	⑤	①	②	③	④	⑤
	2. 나는 디자인목적에 따라 빗질, 블로킹, 묶기, 토대 만들기를 할 수 있다.	①	②	③	④	⑤	①	②	③	④	⑤
	3. 나는 업스타일 디자인에 따라 빽콤을 이용한 볼륨연출과 모류교정을 할 수 있다.	①	②	③	④	⑤	①	②	③	④	⑤
	4. 나는 다양한 업스타일 핀을 활용하여 모발을 정확하게 고정할 수 있다.	①	②	③	④	⑤	①	②	③	④	⑤
	5. 나는 디자인 연출을 위해 땋기, 꼬기, 꺾기, 롤링, 매듭 등의 기법을 할 수 있다.	①	②	③	④	⑤	①	②	③	④	⑤
베이직 업스타일 마무리 하기	1. 나는 헤어스타일링 제품을 사용하여 업스타일을 마무리할 수 있다.	①	②	③	④	⑤	①	②	③	④	⑤
	2. 나는 업스타일의 전체적인 균형을 체크하고 디자인을 보정할 수 있다.	①	②	③	④	⑤	①	②	③	④	⑤
	3. 나는 고객의 만족을 확인하고 디자인을 조화롭게 마무리할 수 있다.	①	②	③	④	⑤	①	②	③	④	⑤

[진단결과]

진단영역	문항 수	점수	점수 ÷ 문항 수	문항 수	점수	점수 ÷ 문항 수
헤어 세트롤러하기	4			4		
베이직 업스타일하기	5			5		
베이직 업스타일 마무리하기	3			3		
합 계	12			12		

* 자신의 점수를 문항 수로 나눈 값이 '3점' 이하에 해당하는 영역은 업무를 성공적으로 수행하는 데 요구되는 능력이 부족하다는 의미이므로 교육훈련이나 개인학습을 통한 개발이 필요함.

[교수자 피드백]

7th week
빽콤

실습사진

앞(Front)	뒤(Back)
우측(Right Side)	좌측(Left Side)

단원평가

빽콤 실습에 대한 장점과 단점, 그리고 느낀 점을 쓰시오.

1. 장점

2. 단점

3. 느낀 점

Memo

학생 자가진단 및 교수 평가

능력단위명 〈코드〉		베이직 업스타일 〈1201010138_16v3〉									
진단 영역	진 단 문 항	학생 평가					교수 평가				
		매우 미흡	미흡	보통	우수	매우 우수	매우 미흡	미흡	보통	우수	매우 우수
헤어 세트롤러 하기	1. 나는 고객의 모발상태와 디자인목적에 따라 일반 세트롤러 또는 전기세트롤러를 선택하여 사용할 수 있다.	①	②	③	④	⑤	①	②	③	④	⑤
	2. 나는 헤어세트롤러 도구에 따라 모발의 수분함량을 조절하여 와인딩할 수 있다.	①	②	③	④	⑤	①	②	③	④	⑤
	3. 나는 디자인에 따라 헤어세트롤러의 와인딩 방향과 각도를 조절할 수 있다.	①	②	③	④	⑤	①	②	③	④	⑤
	4. 나는 모발의 끝이 꺾이거나 손상되지 않도록 모발 끝을 정리하여 와인딩할 수 있다.	①	②	③	④	⑤	①	②	③	④	⑤
베이직 업스타일 하기	1. 나는 디자인 연출에 필요한 업스타일 도구를 선택하여 사용할 수 있다.	①	②	③	④	⑤	①	②	③	④	⑤
	2. 나는 디자인목적에 따라 빗질, 블로킹, 묶기, 토대 만들기를 할 수 있다.	①	②	③	④	⑤	①	②	③	④	⑤
	3. 나는 업스타일 디자인에 따라 빽콤을 이용한 볼륨연출과 모류교정을 할 수 있다.	①	②	③	④	⑤	①	②	③	④	⑤
	4. 나는 다양한 업스타일 핀을 활용하여 모발을 정확하게 고정할 수 있다.	①	②	③	④	⑤	①	②	③	④	⑤
	5. 나는 디자인 연출을 위해 땋기, 꼬기, 꺾기, 롤링, 매듭 등의 기법을 할 수 있다.	①	②	③	④	⑤	①	②	③	④	⑤
베이직 업스타일 마무리 하기	1. 나는 헤어스타일링 제품을 사용하여 업스타일을 마무리할 수 있다.	①	②	③	④	⑤	①	②	③	④	⑤
	2. 나는 업스타일의 전체적인 균형을 체크하고 디자인을 보정할 수 있다.	①	②	③	④	⑤	①	②	③	④	⑤
	3. 나는 고객의 만족을 확인하고 디자인을 조화롭게 마무리할 수 있다.	①	②	③	④	⑤	①	②	③	④	⑤

[진단결과]

진단영역	문항 수	점수	점수 ÷ 문항 수	문항 수	점수	점수 ÷ 문항 수
헤어 세트롤러하기	4			4		
베이직 업스타일하기	5			5		
베이직 업스타일 마무리하기	3			3		
합 계	12			12		

* 자신의 점수를 문항 수로 나눈 값이 '3점' 이하에 해당하는 영역은 업무를 성공적으로 수행하는 데 요구되는 능력이 부족하다는 의미이므로 교육훈련이나 개인학습을 통한 개발이 필요함.

[교수자 피드백]

8th week
핀고정

실습사진

앞(Front)	뒤(Back)
우측(Right Side)	좌측(Left Side)

단원평가

핀고정 실습에 대한 장점과 단점, 그리고 느낀 점을 쓰시오.

1. 장점

2. 단점

3. 느낀 점

Memo

학생 자가진단 및 교수 평가

능력단위명 〈코드〉		베이직 업스타일 〈1201010138_16v3〉									
진단 영역	진 단 문 항	학생 평가					교수 평가				
		매우 미흡	미흡	보통	우수	매우 우수	매우 미흡	미흡	보통	우수	매우 우수
헤어 세트롤러 하기	1. 나는 고객의 모발상태와 디자인목적에 따라 일반 세트롤러 또는 전기세트롤러를 선택하여 사용할 수 있다.	①	②	③	④	⑤	①	②	③	④	⑤
	2. 나는 헤어세트롤러 도구에 따라 모발의 수분함량을 조절하여 와인딩할 수 있다.	①	②	③	④	⑤	①	②	③	④	⑤
	3. 나는 디자인에 따라 헤어세트롤러의 와인딩 방향과 각도를 조절할 수 있다.	①	②	③	④	⑤	①	②	③	④	⑤
	4. 나는 모발의 끝이 꺾이거나 손상되지 않도로 모발 끝을 정리하여 와인딩할 수 있다.	①	②	③	④	⑤	①	②	③	④	⑤
베이직 업스타일 하기	1. 나는 디자인 연출에 필요한 업스타일 도구를 선택하여 사용할 수 있다.	①	②	③	④	⑤	①	②	③	④	⑤
	2. 나는 디자인목적에 따라 빗질, 블로킹, 묶기, 토대 만들기를 할 수 있다.	①	②	③	④	⑤	①	②	③	④	⑤
	3. 나는 업스타일 디자인에 따라 빽콤을 이용한 볼륨연출과 모류교정을 할 수 있다.	①	②	③	④	⑤	①	②	③	④	⑤
	4. 나는 다양한 업스타일 핀을 활용하여 모발을 정확하게 고정할 수 있다.	①	②	③	④	⑤	①	②	③	④	⑤
	5. 나는 디자인 연출을 위해 땋기, 꼬기, 꺾기, 롤링, 매듭 등의 기법을 할 수 있다.	①	②	③	④	⑤	①	②	③	④	⑤
베이직 업스타일 마무리 하기	1. 나는 헤어스타일링 제품을 사용하여 업스타일을 마무리할 수 있다.	①	②	③	④	⑤	①	②	③	④	⑤
	2. 나는 업스타일의 전체적인 균형을 체크하고 디자인을 보정할 수 있다.	①	②	③	④	⑤	①	②	③	④	⑤
	3. 나는 고객의 만족을 확인하고 디자인을 조화롭게 마무리할 수 있다.	①	②	③	④	⑤	①	②	③	④	⑤

[진단결과]

진단영역	문항 수	점수	점수 ÷ 문항 수	문항 수	점수	점수 ÷ 문항 수
헤어 세트롤러하기	4			4		
베이직 업스타일하기	5			5		
베이직 업스타일 마무리 하기	3			3		
합 계	12			12		

* 자신의 점수를 문항 수로 나눈 값이 '3점' 이하에 해당하는 영역은 업무를 성공적으로 수행하는 데 요구되는 능력이 부족하다는 의미이므로 교육훈련이나 개인학습을 통한 개발이 필요함.

[교수자 피드백]

9th week
브러싱

실습사진

앞(Front)	뒤(Back)
우측(Right Side)	좌측(Left Side)

단원평가

브러싱 실습에 대한 장점과 단점, 그리고 느낀 점을 쓰시오.

1. 장점

2. 단점

3. 느낀 점

Memo

학생 자가진단 및 교수 평가

능력단위명 〈코드〉		베이직 업스타일 〈1201010138_16v3〉									
진단 영역	진 단 문 항	학생 평가					교수 평가				
		매우 미흡	미흡	보통	우수	매우 우수	매우 미흡	미흡	보통	우수	매우 우수
헤어 세트롤러 하기	1. 나는 고객의 모발상태와 디자인목적에 따라 일반 세트롤러 또는 전기세트롤러를 선택하여 사용할 수 있다.	①	②	③	④	⑤	①	②	③	④	⑤
	2. 나는 헤어세트롤러 도구에 따라 모발의 수분함량을 조절하여 와인딩할 수 있다.	①	②	③	④	⑤	①	②	③	④	⑤
	3. 나는 디자인에 따라 헤어세트롤러의 와인딩 방향과 각도를 조절할 수 있다.	①	②	③	④	⑤	①	②	③	④	⑤
	4. 나는 모발의 끝이 꺾이거나 손상되지 않도로 모발 끝을 정리하여 와인딩할 수 있다.	①	②	③	④	⑤	①	②	③	④	⑤
베이직 업스타일 하기	1. 나는 디자인 연출에 필요한 업스타일 도구를 선택하여 사용할 수 있다.	①	②	③	④	⑤	①	②	③	④	⑤
	2. 나는 디자인목적에 따라 빗질, 블로킹, 묶기, 토대 만들기를 할 수 있다.	①	②	③	④	⑤	①	②	③	④	⑤
	3. 나는 업스타일 디자인에 따라 빽콤을 이용한 볼륨연출과 모류교정을 할 수 있다.	①	②	③	④	⑤	①	②	③	④	⑤
	4. 나는 다양한 업스타일 핀을 활용하여 모발을 정확하게 고정할 수 있다.	①	②	③	④	⑤	①	②	③	④	⑤
	5. 나는 디자인 연출을 위해 땋기, 꼬기, 꺾기, 롤링, 매듭 등의 기법을 할 수 있다.	①	②	③	④	⑤	①	②	③	④	⑤
베이직 업스타일 마무리 하기	1. 나는 헤어스타일링 제품을 사용하여 업스타일을 마무리할 수 있다.	①	②	③	④	⑤	①	②	③	④	⑤
	2. 나는 업스타일의 전체적인 균형을 체크하고 디자인을 보정할 수 있다.	①	②	③	④	⑤	①	②	③	④	⑤
	3. 나는 고객의 만족을 확인하고 디자인을 조화롭게 마무리할 수 있다.	①	②	③	④	⑤	①	②	③	④	⑤

[진단결과]

진단영역	문항 수	점수	점수 ÷ 문항 수	문항 수	점수	점수 ÷ 문항 수
헤어 세트롤러하기	4			4		
베이직 업스타일하기	5			5		
베이직 업스타일 마무리하기	3			3		
합 계	12			12		

* 자신의 점수를 문항 수로 나눈 값이 '3점' 이하에 해당하는 영역은 업무를 성공적으로 수행하는 데 요구되는 능력이 부족하다는 의미이므로 교육훈련이나 개인학습을 통한 개발이 필요함.

[교수자 피드백]

10th week
묶기

실습사진

앞(Front)	뒤(Back)
우측(Right Side)	좌측(Left Side)

단원평가

묶기 실습에 대한 장점과 단점, 그리고 느낀 점을 쓰시오.

1. 장점

2. 단점

3. 느낀 점

Memo

학생 자가진단 및 교수 평가

능력단위명 〈코드〉		베이직 업스타일 〈1201010138_16v3〉									
진단 영역	진 단 문 항	학생 평가					교수 평가				
		매우 미흡	미흡	보통	우수	매우 우수	매우 미흡	미흡	보통	우수	매우 우수
헤어 세트롤러 하기	1. 나는 고객의 모발상태와 디자인목적에 따라 일반 세트롤러 또는 전기세트롤러를 선택하여 사용할 수 있다.	①	②	③	④	⑤	①	②	③	④	⑤
	2. 나는 헤어세트롤러 도구에 따라 모발의 수분함량을 조절하여 와인딩할 수 있다.	①	②	③	④	⑤	①	②	③	④	⑤
	3. 나는 디자인에 따라 헤어세트롤러의 와인딩 방향과 각도를 조절할 수 있다.	①	②	③	④	⑤	①	②	③	④	⑤
	4. 나는 모발의 끝이 꺾이거나 손상되지 않도로 모발 끝을 정리하여 와인딩할 수 있다.	①	②	③	④	⑤	①	②	③	④	⑤
베이직 업스타일 하기	1. 나는 디자인 연출에 필요한 업스타일 도구를 선택하여 사용할 수 있다.	①	②	③	④	⑤	①	②	③	④	⑤
	2. 나는 디자인목적에 따라 빗질, 블로킹, 묶기, 토대 만들기를 할 수 있다.	①	②	③	④	⑤	①	②	③	④	⑤
	3. 나는 업스타일 디자인에 따라 빽콤을 이용한 볼륨연출과 모류교정을 할 수 있다.	①	②	③	④	⑤	①	②	③	④	⑤
	4. 나는 다양한 업스타일 핀을 활용하여 모발을 정확하게 고정할 수 있다.	①	②	③	④	⑤	①	②	③	④	⑤
	5. 나는 디자인 연출을 위해 땋기, 꼬기, 꺾기, 롤링, 매듭 등의 기법을 할 수 있다.	①	②	③	④	⑤	①	②	③	④	⑤
베이직 업스타일 마무리 하기	1. 나는 헤어스타일링 제품을 사용하여 업스타일을 마무리할 수 있다.	①	②	③	④	⑤	①	②	③	④	⑤
	2. 나는 업스타일의 전체적인 균형을 체크하고 디자인을 보정할 수 있다.	①	②	③	④	⑤	①	②	③	④	⑤
	3. 나는 고객의 만족을 확인하고 디자인을 조화롭게 마무리할 수 있다.	①	②	③	④	⑤	①	②	③	④	⑤

[진단결과]

진단영역	문항 수	점수	점수 ÷ 문항 수	문항 수	점수	점수 ÷ 문항 수
헤어 세트롤러하기	4			4		
베이직 업스타일하기	5			5		
베이직 업스타일 마무리하기	3			3		
합 계	12			12		

* 자신의 점수를 문항 수로 나눈 값이 '3점' 이하에 해당하는 영역은 업무를 성공적으로 수행하는 데 요구되는 능력이 부족하다는 의미이므로 교육훈련이나 개인학습을 통한 개발이 필요함.

[교수자 피드백]

11 th week
토대

실습사진

앞(Front)	뒤(Back)
우측(Right Side)	좌측(Left Side)

단원평가

토대 실습에 대한 장점과 단점, 그리고 느낀 점을 쓰시오.

1. 장점

2. 단점

3. 느낀 점

Memo

학생 자가진단 및 교수 평가

능력단위명 〈코드〉		베이직 업스타일 〈1201010138_16v3〉									
진단 영역	진 단 문 항	학생 평가					교수 평가				
		매우 미흡	미흡	보통	우수	매우 우수	매우 미흡	미흡	보통	우수	매우 우수
헤어 세트롤러 하기	1. 나는 고객의 모발상태와 디자인목적에 따라 일반 세트롤러 또는 전기세트롤러를 선택하여 사용할 수 있다.	①	②	③	④	⑤	①	②	③	④	⑤
	2. 나는 헤어세트롤러 도구에 따라 모발의 수분함량을 조절하여 와인딩할 수 있다.	①	②	③	④	⑤	①	②	③	④	⑤
	3. 나는 디자인에 따라 헤어세트롤러의 와인딩 방향과 각도를 조절할 수 있다.	①	②	③	④	⑤	①	②	③	④	⑤
	4. 나는 모발의 끝이 꺾이거나 손상되지 않도로 모발 끝을 정리하여 와인딩할 수 있다.	①	②	③	④	⑤	①	②	③	④	⑤
베이직 업스타일 하기	1. 나는 디자인 연출에 필요한 업스타일 도구를 선택하여 사용할 수 있다.	①	②	③	④	⑤	①	②	③	④	⑤
	2. 나는 디자인목적에 따라 빗질, 블로킹, 묶기, 토대 만들기를 할 수 있다.	①	②	③	④	⑤	①	②	③	④	⑤
	3. 나는 업스타일 디자인에 따라 빽콤을 이용한 볼륨연출과 모류교정을 할 수 있다.	①	②	③	④	⑤	①	②	③	④	⑤
	4. 나는 다양한 업스타일 핀을 활용하여 모발을 정확하게 고정할 수 있다.	①	②	③	④	⑤	①	②	③	④	⑤
	5. 나는 디자인 연출을 위해 땋기, 꼬기, 꺾기, 롤링, 매듭 등의 기법을 할 수 있다.	①	②	③	④	⑤	①	②	③	④	⑤
베이직 업스타일 마무리 하기	1. 나는 헤어스타일링 제품을 사용하여 업스타일을 마무리할 수 있다.	①	②	③	④	⑤	①	②	③	④	⑤
	2. 나는 업스타일의 전체적인 균형을 체크하고 디자인을 보정할 수 있다.	①	②	③	④	⑤	①	②	③	④	⑤
	3. 나는 고객의 만족을 확인하고 디자인을 조화롭게 마무리할 수 있다.	①	②	③	④	⑤	①	②	③	④	⑤

[진단결과]

진단영역	문항 수	점수	점수 ÷ 문항 수	문항 수	점수	점수 ÷ 문항 수
헤어 세트롤러하기	4			4		
베이직 업스타일하기	5			5		
베이직 업스타일 마무리하기	3			3		
합 계	12			12		

* 자신의 점수를 문항 수로 나눈 값이 '3점' 이하에 해당하는 영역은 업무를 성공적으로 수행하는 데 요구되는 능력이 부족하다는 의미이므로 교육훈련이나 개인학습을 통한 개발이 필요함.

[교수자 피드백]

12 th week

꼬기

실습사진

앞(Front)	뒤(Back)
우측(Right Side)	좌측(Left Side)

단원평가

꼬기 실습에 대한 장점과 단점, 그리고 느낀 점을 쓰시오.

1. 장점

2. 단점

3. 느낀 점

Memo

학생 자가진단 및 교수 평가

능력단위명 〈코드〉		베이직 업스타일 〈1201010138_16v3〉									
진단 영역	진 단 문 항	학생 평가					교수 평가				
		매우 미흡	미흡	보통	우수	매우 우수	매우 미흡	미흡	보통	우수	매우 우수
헤어 세트롤러 하기	1. 나는 고객의 모발상태와 디자인목적에 따라 일반 세트롤러 또는 전기세트롤러를 선택하여 사용할 수 있다.	①	②	③	④	⑤	①	②	③	④	⑤
	2. 나는 헤어세트롤러 도구에 따라 모발의 수분함량을 조절하여 와인딩할 수 있다.	①	②	③	④	⑤	①	②	③	④	⑤
	3. 나는 디자인에 따라 헤어세트롤러의 와인딩 방향과 각도를 조절할 수 있다.	①	②	③	④	⑤	①	②	③	④	⑤
	4. 나는 모발의 끝이 꺾이거나 손상되지 않도로 모발 끝을 정리하여 와인딩할 수 있다.	①	②	③	④	⑤	①	②	③	④	⑤
베이직 업스타일 하기	1. 나는 디자인 연출에 필요한 업스타일 도구를 선택하여 사용할 수 있다.	①	②	③	④	⑤	①	②	③	④	⑤
	2. 나는 디자인목적에 따라 빗질, 블로킹, 묶기, 토대 만들기를 할 수 있다.	①	②	③	④	⑤	①	②	③	④	⑤
	3. 나는 업스타일 디자인에 따라 빽콤을 이용한 볼륨연출과 모류교정을 할 수 있다.	①	②	③	④	⑤	①	②	③	④	⑤
	4. 나는 다양한 업스타일 핀을 활용하여 모발을 정확하게 고정할 수 있다.	①	②	③	④	⑤	①	②	③	④	⑤
	5. 나는 디자인 연출을 위해 땋기, 꼬기, 꺾기, 롤링, 매듭 등의 기법을 할 수 있다.	①	②	③	④	⑤	①	②	③	④	⑤
베이직 업스타일 마무리 하기	1. 나는 헤어스타일링 제품을 사용하여 업스타일을 마무리할 수 있다.	①	②	③	④	⑤	①	②	③	④	⑤
	2. 나는 업스타일의 전체적인 균형을 체크하고 디자인을 보정할 수 있다.	①	②	③	④	⑤	①	②	③	④	⑤
	3. 나는 고객의 만족을 확인하고 디자인을 조화롭게 마무리할 수 있다.	①	②	③	④	⑤	①	②	③	④	⑤

[진단결과]

진단영역	문항 수	점수	점수 ÷ 문항 수	문항 수	점수	점수 ÷ 문항 수
헤어 세트롤러하기	4			4		
베이직 업스타일하기	5			5		
베이직 업스타일 마무리하기	3			3		
합 계	12			12		

* 자신의 점수를 문항 수로 나눈 값이 '3점' 이하에 해당하는 영역은 업무를 성공적으로 수행하는 데 요구되는 능력이 부족하다는 의미이므로 교육훈련이나 개인학습을 통한 개발이 필요함.

[교수자 피드백]

13 th week
매듭

실습사진

앞(Front)	뒤(Back)
우측(Right Side)	좌측(Left Side)

단원평가

매듭 실습에 대한 장점과 단점, 그리고 느낀 점을 쓰시오.

1. 장점

2. 단점

3. 느낀 점

Memo

학생 자가진단 및 교수 평가

능력단위명 〈코드〉		베이직 업스타일 〈1201010138_16v3〉									
진단 영역	진 단 문 항	학생 평가					교수 평가				
		매우 미흡	미흡	보통	우수	매우 우수	매우 미흡	미흡	보통	우수	매우 우수
헤어 세트롤러 하기	1. 나는 고객의 모발상태와 디자인목적에 따라 일반 세트롤러 또는 전기세트롤러를 선택하여 사용할 수 있다.	①	②	③	④	⑤	①	②	③	④	⑤
	2. 나는 헤어세트롤러 도구에 따라 모발의 수분함량을 조절하여 와인딩할 수 있다.	①	②	③	④	⑤	①	②	③	④	⑤
	3. 나는 디자인에 따라 헤어세트롤러의 와인딩 방향과 각도를 조절할 수 있다.	①	②	③	④	⑤	①	②	③	④	⑤
	4. 나는 모발의 끝이 꺾이거나 손상되지 않도로 모발 끝을 정리하여 와인딩할 수 있다.	①	②	③	④	⑤	①	②	③	④	⑤
베이직 업스타일 하기	1. 나는 디자인 연출에 필요한 업스타일 도구를 선택하여 사용할 수 있다.	①	②	③	④	⑤	①	②	③	④	⑤
	2. 나는 디자인목적에 따라 빗질, 블로킹, 묶기, 토대 만들기를 할 수 있다.	①	②	③	④	⑤	①	②	③	④	⑤
	3. 나는 업스타일 디자인에 따라 빽콤을 이용한 볼륨연출과 모류교정을 할 수 있다.	①	②	③	④	⑤	①	②	③	④	⑤
	4. 나는 다양한 업스타일 핀을 활용하여 모발을 정확하게 고정할 수 있다.	①	②	③	④	⑤	①	②	③	④	⑤
	5. 나는 디자인 연출을 위해 땋기, 꼬기, 꺾기, 롤링, 매듭 등의 기법을 할 수 있다.	①	②	③	④	⑤	①	②	③	④	⑤
베이직 업스타일 마무리 하기	1. 나는 헤어스타일링 제품을 사용하여 업스타일을 마무리할 수 있다.	①	②	③	④	⑤	①	②	③	④	⑤
	2. 나는 업스타일의 전체적인 균형을 체크하고 디자인을 보정할 수 있다.	①	②	③	④	⑤	①	②	③	④	⑤
	3. 나는 고객의 만족을 확인하고 디자인을 조화롭게 마무리할 수 있다.	①	②	③	④	⑤	①	②	③	④	⑤

[진단결과]

진단영역	문항 수	점수	점수 ÷ 문항 수	문항 수	점수	점수 ÷ 문항 수
헤어 세트롤러하기	4			4		
베이직 업스타일하기	5			5		
베이직 업스타일 마무리하기	3			3		
합 계	12			12		

* 자신의 점수를 문항 수로 나눈 값이 '3점' 이하에 해당하는 영역은 업무를 성공적으로 수행하는 데 요구되는 능력이 부족하다는 의미이므로 교육훈련이나 개인학습을 통한 개발이 필요함.

[교수자 피드백]

14th week

고리

실습사진

앞(Front)	뒤(Back)
우측(Right Side)	좌측(Left Side)

단원평가

고리 실습에 대한 장점과 단점, 그리고 느낀 점을 쓰시오.

1. 장점

2. 단점

3. 느낀 점

Memo

학생 자가진단 및 교수 평가

능력단위명 〈코드〉		베이직 업스타일 〈1201010138_16v3〉									
진단 영역	진 단 문 항	학생 평가					교수 평가				
		매우 미흡	미흡	보통	우수	매우 우수	매우 미흡	미흡	보통	우수	매우 우수
헤어 세트롤러 하기	1. 나는 고객의 모발상태와 디자인목적에 따라 일반 세트롤러 또는 전기세트롤러를 선택하여 사용할 수 있다.	①	②	③	④	⑤	①	②	③	④	⑤
	2. 나는 헤어세트롤러 도구에 따라 모발의 수분함량을 조절하여 와인딩할 수 있다.	①	②	③	④	⑤	①	②	③	④	⑤
	3. 나는 디자인에 따라 헤어세트롤러의 와인딩 방향과 각도를 조절할 수 있다.	①	②	③	④	⑤	①	②	③	④	⑤
	4. 나는 모발의 끝이 꺾이거나 손상되지 않도로 모발 끝을 정리하여 와인딩할 수 있다.	①	②	③	④	⑤	①	②	③	④	⑤
베이직 업스타일 하기	1. 나는 디자인 연출에 필요한 업스타일 도구를 선택하여 사용할 수 있다.	①	②	③	④	⑤	①	②	③	④	⑤
	2. 나는 디자인목적에 따라 빗질, 블로킹, 묶기, 토대 만들기를 할 수 있다.	①	②	③	④	⑤	①	②	③	④	⑤
	3. 나는 업스타일 디자인에 따라 빽콤을 이용한 볼륨연출과 모류교정을 할 수 있다.	①	②	③	④	⑤	①	②	③	④	⑤
	4. 나는 다양한 업스타일 핀을 활용하여 모발을 정확하게 고정할 수 있다.	①	②	③	④	⑤	①	②	③	④	⑤
	5. 나는 디자인 연출을 위해 땋기, 꼬기, 꺾기, 롤링, 매듭 등의 기법을 할 수 있다.	①	②	③	④	⑤	①	②	③	④	⑤
베이직 업스타일 마무리 하기	1. 나는 헤어스타일링 제품을 사용하여 업스타일을 마무리할 수 있다.	①	②	③	④	⑤	①	②	③	④	⑤
	2. 나는 업스타일의 전체적인 균형을 체크하고 디자인을 보정할 수 있다.	①	②	③	④	⑤	①	②	③	④	⑤
	3. 나는 고객의 만족을 확인하고 디자인을 조화롭게 마무리할 수 있다.	①	②	③	④	⑤	①	②	③	④	⑤

[진단결과]

진단영역	문항 수	점수	점수 ÷ 문항 수	문항 수	점수	점수 ÷ 문항 수
헤어 세트롤러하기	4			4		
베이직 업스타일하기	5			5		
베이직 업스타일 마무리하기	3			3		
합 계	12			12		

* 자신의 점수를 문항 수로 나눈 값이 '3점' 이하에 해당하는 영역은 업무를 성공적으로 수행하는 데 요구되는 능력이 부족하다는 의미이므로 교육훈련이나 개인학습을 통한 개발이 필요함.

[교수자 피드백]

15 th week
딸기

실습사진

앞(Front)	뒤(Back)
우측(Right Side)	좌측(Left Side)

단원평가

딸기 실습에 대한 장점과 단점, 그리고 느낀 점을 쓰시오.

1. 장점

2. 단점

3. 느낀 점

Memo

학생 자가진단 및 교수 평가

능력단위명 〈코드〉		베이직 업스타일 〈1201010138_16v3〉									
진단 영역	진 단 문 항	학생 평가					교수 평가				
		매우 미흡	미흡	보통	우수	매우 우수	매우 미흡	미흡	보통	우수	매우 우수
헤어 세트롤러 하기	1. 나는 고객의 모발상태와 디자인목적에 따라 일반 세트롤러 또는 전기세트롤러를 선택하여 사용할 수 있다.	①	②	③	④	⑤	①	②	③	④	⑤
	2. 나는 헤어세트롤러 도구에 따라 모발의 수분함량을 조절하여 와인딩할 수 있다.	①	②	③	④	⑤	①	②	③	④	⑤
	3. 나는 디자인에 따라 헤어세트롤러의 와인딩 방향과 각도를 조절할 수 있다.	①	②	③	④	⑤	①	②	③	④	⑤
	4. 나는 모발의 끝이 꺾이거나 손상되지 않도로 모발 끝을 정리하여 와인딩할 수 있다.	①	②	③	④	⑤	①	②	③	④	⑤
베이직 업스타일 하기	1. 나는 디자인 연출에 필요한 업스타일 도구를 선택하여 사용할 수 있다.	①	②	③	④	⑤	①	②	③	④	⑤
	2. 나는 디자인목적에 따라 빗질, 블로킹, 묶기, 토대 만들기를 할 수 있다.	①	②	③	④	⑤	①	②	③	④	⑤
	3. 나는 업스타일 디자인에 따라 빽콤을 이용한 볼륨연출과 모류교정을 할 수 있다.	①	②	③	④	⑤	①	②	③	④	⑤
	4. 나는 다양한 업스타일 핀을 활용하여 모발을 정확하게 고정할 수 있다.	①	②	③	④	⑤	①	②	③	④	⑤
	5. 나는 디자인 연출을 위해 땋기, 꼬기, 꺾기, 롤링, 매듭 등의 기법을 할 수 있다.	①	②	③	④	⑤	①	②	③	④	⑤
베이직 업스타일 마무리 하기	1. 나는 헤어스타일링 제품을 사용하여 업스타일을 마무리할 수 있다.	①	②	③	④	⑤	①	②	③	④	⑤
	2. 나는 업스타일의 전체적인 균형을 체크하고 디자인을 보정할 수 있다.	①	②	③	④	⑤	①	②	③	④	⑤
	3. 나는 고객의 만족을 확인하고 디자인을 조화롭게 마무리할 수 있다.	①	②	③	④	⑤	①	②	③	④	⑤

[진단결과]

진단영역	문항 수	점수	점수 ÷ 문항 수	문항 수	점수	점수 ÷ 문항 수
헤어 세트롤러하기	4			4		
베이직 업스타일하기	5			5		
베이직 업스타일 마무리하기	3			3		
합 계	12			12		

* 자신의 점수를 문항 수로 나눈 값이 '3점' 이하에 해당하는 영역은 업무를 성공적으로 수행하는 데 요구되는 능력이 부족하다는 의미이므로 교육훈련이나 개인학습을 통한 개발이 필요함.

[교수자 피드백]

참고문헌

- 강재순(2008), 업스타일의 유형에 따른 작품 분석, 용인대학교 경영대학원 석사학위논문, p.7~10.
- 국제헤어디자인연구회 저(2011), "C,C,C UP SYYLE", 청구문화사, p.17~19.
- 권기형(2012), 한국 전통문양을 응용한 창작 헤어 업스타일 작품연구, 서경대학교 대학원 박사학위논문, p.39~40.
- 김경영·배유경·이은주·김수미·김은애·최수기(2017), "에센스 화장품학", 메디시언, p.221~223.
- 김환(2013), "열두손가락 업스타일-기술편", 도원출판사, p.18~21.
- 김환·장선엽·이현진(2013), "업스타일 정석", 광문각, p.11~14.
- 박은준·권은실·박명희·어수연·손지연·신임순·김송희·장미여(2016), "기본 헤어 퍼머넌트 웨이브", 메디시언, p.64.
- 사단법인 한국미용장협회 저(2009), "미용장 실기", 청구문화사, p.239.
- 어수연·손지연·진용미·유세은·강주아(2016), "NCS기반 기본 업스타일", 구민사, p.35~37.
- 오영애·정은숙·문승재·강정희·박춘란(2013), "헤어하이레벨 미용장실기교본", 푸른출판사, p.316~329.
- 진용미 외(2014), "베이직 업스타일", 훈민사, p.34.
- 홍도화·박기원·강영이·김민정·김진수·안영희·오명숙·이수진·한미옥·홍영희(2006), "미용장개론", 청구문화사, p.158~159.

찾아보기

INDEX

NCS 적용
베이직 업스타일

2018년 3월 1일 초판 발행
2018년 3월 5일 재판 발행

저 자 박은준 · 김 환 · 박정은 · 박명희
권오혁 · 김영래 · 김종란 · 김혜정
박해련 · 서예지 · 임우경 · 지정훈

발행인 주 병 오

발행처 메디시인

경기도 파주시 회동길 209
파주출판문화도시

영업팀 (031) 955－7566 · 7577
편집팀 (031) 955－7731
FAX (031) 955－7730
홈페이지 www.ji-gu.co.kr
전자우편 jigupub@hanmail.net
등록번호 제 406-2005-000045호

ISBN 979-11-86739-54-9 값 25,000원